こんにちは！

びわ湖の森の
イモムシ、ケムシたち

寺本憲之

もくじ

正誤表

以下の用語に誤りがございました。
訂正してお詫び申し上げます。

誤………ハイミダレカクモンハマキ

正………ハイミダレモンハマキ

掲載箇所

3ページ　目次11行目

77ページ　見出し・本文11行目

80ページ　図13・写真65・写真66のキャプション

プロローグ

滋賀県は県土のおよそ2分の1が森林で琵琶湖の3倍の面積がある。山脈は琵琶湖を囲むように連なり、河川が、奥山の森の源流から人の暮らしを営む里を通って琵琶湖につながっている。このつながりは先人たちがつくり上げた密接な関係で、健康な森があって、はじめて健全な里、そして健全な琵琶湖が生まれる。ここではその森を「びわ湖の森」と呼ぶことにする。奥山には源流の森があり、森で育んだ清水が集結して琵琶湖へと流れ出す。

健全なびわ湖の森には、その清水を利用して多様な植物たちが、そしてそれらを利用する多種多様な動物たちが育む。その生き物の中には、ガ・チョウ類の幼虫のイモムシ、ケムシたちがいる。日本には植物などを食べる6500種以上のイモムシ、ケムシたちがいて、その特定の植物と特定の昆虫とが利用し合う関係、すなわち共進化につながってきた。現存する彼女たちは太古から種分化と淘汰を繰り返し、大きく変化する地球環境に適合するように種ごとに姿形と生態を変え、種間競争に勝ち残って現在まで生き延びてきたのだ。

もう少し観察すると、イモムシ、ケムシたちには、それらに寄生するパラサイトのハチ類（寄生蜂）、ハエ類（寄生蠅）や捕まえて食べるプレデターの昆虫類・鳥類などが存在する。彼らは第1次消費者と呼ぶ。さらに第1次消費者には第2次消費者が…、という具合にイモムシ、ケムシたちの世界にも巧妙な食物連鎖が成り立っている。

ところで、ぼくが知っている限り、「イモムシ、ケムシ」という生き物は害虫などと扱われて、ほとんどの人に嫌われている。その証拠として、野外で葉をバリバリ食っているイモムシ、ケムシたちを楽しそうに眺めている人を見たことがないからである。例えば、女性が庭に出て、庭木をふと見上げると、イモムシ、ケムシがいたら「キャー」と悲鳴をあげるであろう。それが、1本の木に何十匹、何百匹もいたらもうたいへんである。

しかし、ぼくはその嫌われ者のイモムシ、ケムシたちが可愛らしいと思っている。それは、彼女たちがぼくに生物進化のことなど、様々なことを教えてくれるからだ。

本書では「こんにちは！　びわ湖の森のイモムシ、ケムシたち」と題して、びわ湖の森に棲むイモムシ、ケムシたちを題材に、昆虫学、博物学のおもしろさについて読者のみなさんと一緒に考えてみたい。

さあ、びわ湖の森のイモムシ・ケムシたちを探しに行こう！

写真1　びわ湖の森の昆虫観察会

第1章 源流の森のイモムシ・ケムシたち

第1～3章は奥山の源流から中流、下流域に分けてびわ湖の森のイモムシ、ケムシたちを紹介しよう（写真2）。

まずは、最初の章では琵琶湖の水源となる源流の森から始めよう。

琵琶湖に通じる河川を遡ると川幅は徐々に細くなり、激流で流されて川底や周辺の岩で角が削られた丸っこい岩や石もサイズが大きくなってくる。そこには清水と新緑が匂う自然豊かな奥山、すなわち源流の森がある。急いで川敷に降り立つと、清流がその岩石の間を縫うように同じリズムで心地よく、爽やかな音色をたてながら流れ下る。そこからまわりを見ると、谷にある川を挟むように両側には急な斜面をもつ山林があり、そして川に覆いかぶさるように様々な樹木たちが萌え育つ（14・15ページジバックの写真、源流の森）。

山林の坂を登ると、雪解け水や雨水などが森下の土壌に浸透してきた湧き水が集まって、1本の細くて小さな川筋・小川となり、そこから谷の川へチョロチョロと流れ込んでいるのが観察される。いわゆる源流である。奥山には数えきれないほどの多くの源流をもつ。これらの源流水が集積して1本の川となり、そして琵琶湖へと流れつく。

源流のある場所は、一年中にわたってスギやヒノキなどの常緑樹の樹幹や樹枝・葉によって太陽光が遮られている。そこは昼なお暗く、湧き水がそこら中の地表から流出しているため、

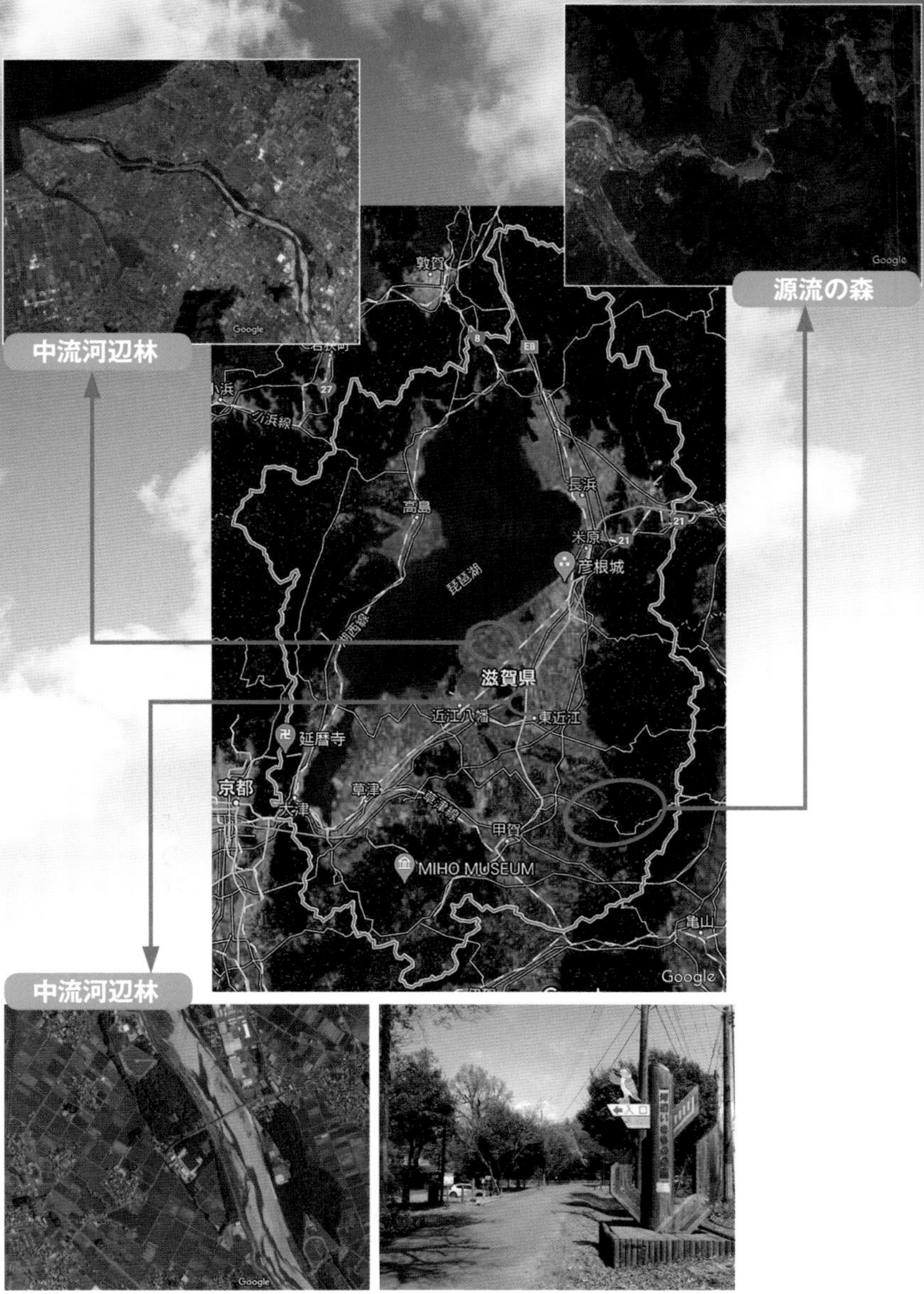

河辺いきものの森

写真2　滋賀県の源流の森と河辺林

林内の湿度はかなり高い。まるで恐竜が走り回っていたジュラ紀の時代の森のようである（写真3）。

そのような環境では多様な植物は育つことができない。よく見ると、暗と湿に適合したコケ類やシダ植物が繁茂している。岩清水があふれ出る岩肌などには、そこには光沢ある緑色の扁平葉状のコケが鱗を並べたように張り付いている。ゼニゴケ目ジャゴケ科に属する苔類の一種のジャゴケである（写真4）。これが本章の主人公である白亜紀初期から姿形が変化していない歯をもつ原始的な蛾（以下ガと記す）、コバネガ類の幼虫が食べるエサとなるのだ。

源流の森にはジャゴケが局所的に生息しており、そこはそれを食べて1億年余りにわたってひっそり生き延びてきたイモムシが生息する不思議な空間である。

1 コケ類・地衣類を食うイモムシ、ケムシたち

コケ類はジャゴケなどの苔類、スギゴケなどの蘚類、ツノコゲ類の3グループに分けられる。そして樹幹の表皮でよく観られるコケ類によく似た菌類の地衣類がある。それらをエサとするガの仲間がいる。

実は、コケ類や地衣類を食べるガ類は非常に少ない。苔類を食べる上述したコバネガ類、メイガ科のアトモンミズメイガ（苔類）などの一部のミズメイガ類、蘚類を食うヤガ科に属するネグロアツバ、ミツオビキンアツバ、キスジハナオイアツバなどの一部のアツバ類、苔類・地衣類を食うヒトリガ科に属するネズミホソバ（苔類）、ムジホソバ（地衣類）、ヨツボシホソバ（地

衣類）などの一部のコケガ類など、イモムシ、ケムシたちのごく一部に限られる。例えば、林内を歩くとヨツボシホソバは体毛が長い典型的なケムシで、樹幹に生えている地衣類を食べるため、葉がある枝ではなく、樹幹にへばりついているのをよく見かける。

2 ジャゴケを食うコバネガ類

ガ・チョウの仲間を鱗翅《りんし》（チョウ）目（以下鱗翅目と記す）という。鱗翅目の進化はコバネガ目（以下科と記す）の祖先種から始まる。コバネガ類の地球上の出現は、化石調査では白亜紀初期（1億1000〜3000万年前）とされている。別の原始的ガ類グループも含めて、実際はさらに遡って被子植物が出現する白亜紀初期（1億4000万年前頃）より以前のジュラ紀から出現していたと推測されている（Kristensen, 1998）。被子植物が誕生していなかった時代、生息していた苔類が原始的ガ類の食草として選ばれ、ぼくは現在もその食性が続いているのであろうと考えている（表1）。したがって、現在でも源流の森の中に彼女らが生息しているわけは、源流の森はジュラ紀に似た日光が届かない高湿度の苔類などが生息する環境だからである。日本にはコバネガ科に属する種は17種が生息する（Hashimoto 2006）。

写真3 源流の森の内部

写真4 源流の森に生息するジャゴケ

表1　コバネガ類とコケ類（苔類）の出現時期

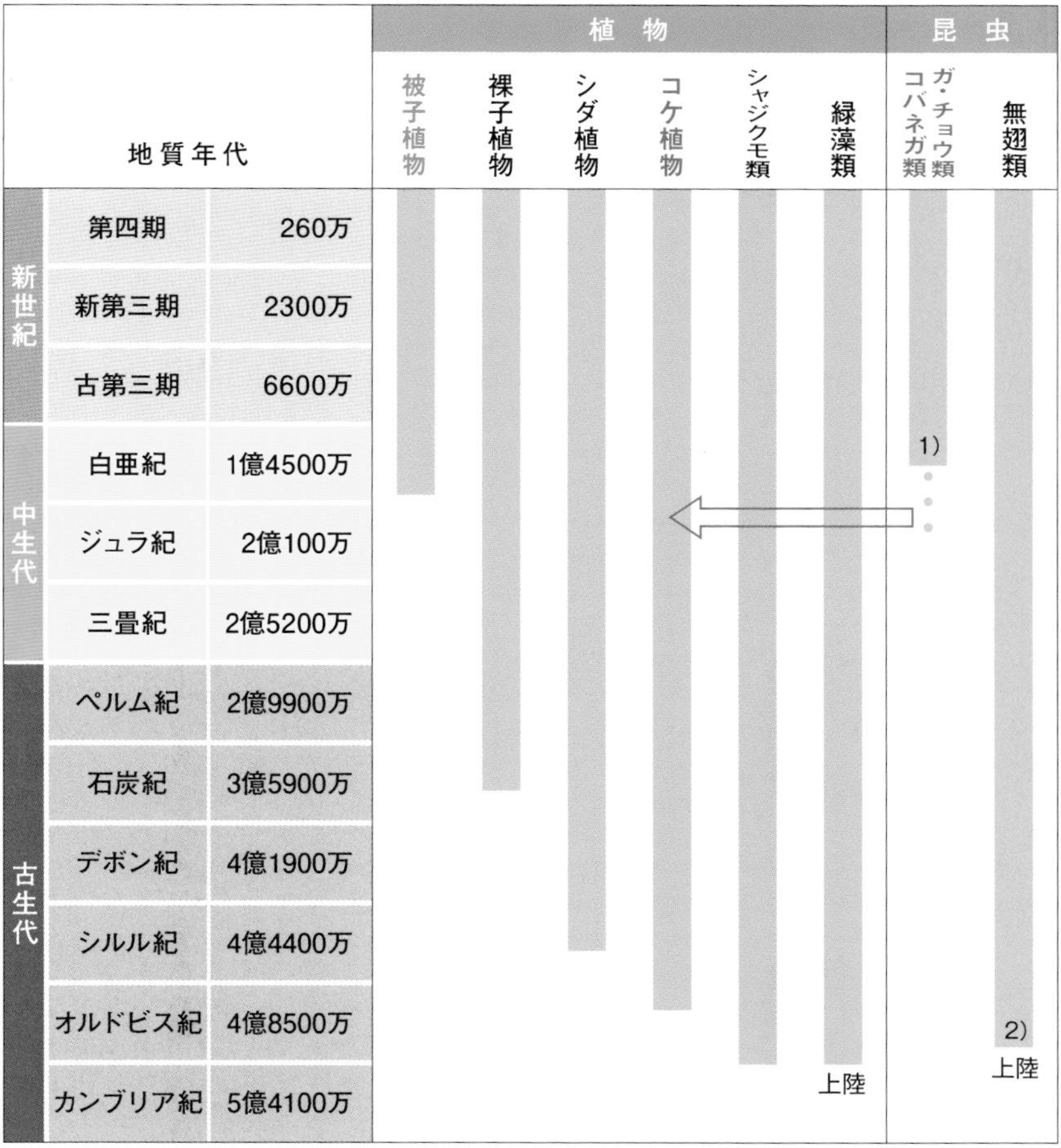

1）化石調査による（1億1000～3000万年前）
2）ゲノムと化石調査による

3 怪獣モスラがびわ湖の森にいる！

モスラ（若い読者は、ゴジラは知っているけれどモスラは知らないかも）は、1961年（昭和36年）に東宝が制作した映画に登場する架空の怪獣である。英語では'mothra'と書き、'moth'はガを意味する。すなわちモスラはガの怪獣なのである。よく観察するとモスラには歯がある（図1）。モスラ映画の原作者は、おそらくチョウのようにストローをもつ怪獣では怖くないので、カミキリムシのような大きな歯をもつ怪獣「モスラ」を創り上げたのであろう。

しかし、それは生物学的には正しいのである。実は原始的なガ類のグループのコバネガ科などに属する成虫にはカミキリムシ類のような歯をもつ（写真5・6）（橋本 1998）。成虫は歯で咀嚼して花粉などを食べるためである。通常の鱗翅目であるガやチョウの口器は花蜜などを吸うためストロー状に進化しているが、このガ類のグループは1億3000年前の白亜紀前期からずっと歯をもち続けているのだ！ いわば彼女らは昆虫版のシーラカンスなのである。

びわ湖の森にはこの原始的な歯をもつコバネガ類が2種生息することが分かっている（写真5・6）。モスラは架空の怪獣だが、歯をもつガであるコバネガ類は1億年以上前から地球上に実際に生き延び、現在でも自然豊かなびわ湖の森にひっそりと生息しているリアルな世界のモスラなのである。

1種目はコバネガ科に属するニッポンヒロコバネという種だ。ぼくが1991年5月19日に源流の森である旧永源寺町（東近江市）で発見した。2種目はマツムラヒロコバネという種で、ぼくの友人である韓国の国立大学法人仁川大学校教授の Dr. Y. S. Bae が1993年5月18～20日に旧余呉町（長浜市）で発見している（Hashimoto 2006）。これら2種の幼虫はジャゴケを食べ、小判型の形状で酷似しており、外観はシジミチョウの幼虫に似ている。

滋賀県の2種の日本列島での生息分布域をみると、ニッポンヒロコバネは南近畿と北中部に分布して滋賀県が東端（限）、マツムラヒロコバネは中部に分布して滋賀県が西端（限）であり、びわ湖の森は2種の分布域が丁度重なっている貴重な生息場所であることが分かる（図2）。この現象は昆虫だけでなく、植物でも同様なケースが見受けられ、このことからもびわ湖の森は日本で特別な場所であることが分かる。

写真5 **ニッポンヒロコバネ（コバネガ科）**
（橋本里志氏 撮影）

怪獣モスラ　『モスラ』予告編（1961年、東宝）より

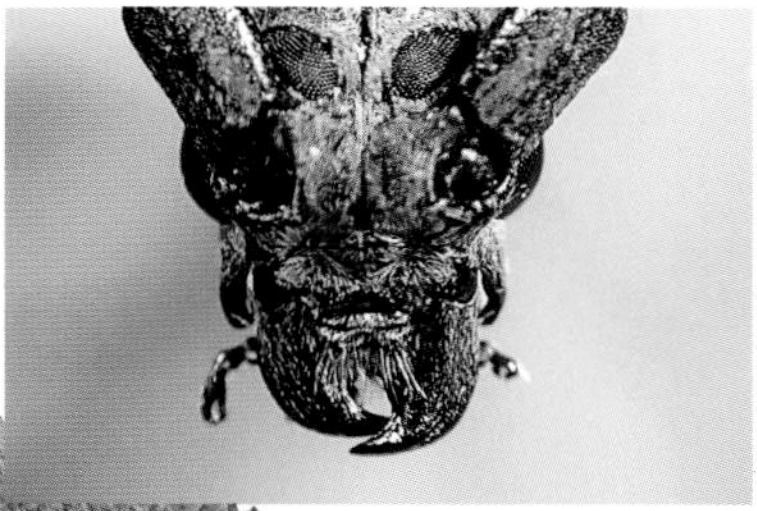

ミヤマカミキリ

図1
歯をもつ怪獣モスラとカミキリムシの歯

写真6 **マツムラヒロコバネ（コバネガ科）**
（橋本里志氏 撮影）

4 ガ・チョウ類の口器の進化

コバネガ科に属する成虫は歯（専門的には大腮《たいさい》という）をもつが、その他にも歯を持つガの仲間もいる。コバネガ科から一・二段階進化したグループだと考えられているカウリコバネガ科とモグリコバネガ科（両科とも日本には生存していない）という2つのグループも歯をもつ。これらの原始的な3グループのガの成虫のすべてが歯を持つモスラ型の頭部を有するのだ（駒井1998）。

ここで面白いことは、3グループの彼女たちからもう一段階進化したと考えられて日本にも生息しているスイコバネガ科という成虫はなんと歯とストロー口（口吻《こうふん》）との両方をもっているのだ。ストロー口は機能するが、歯は機能していなく、すなわち退化して飾りの歯になっている（図3）（橋本1998）。

そして、スイコバネガ科より進化したガ・チョウのグループはすべてストロー口だけになり、これらの仲間は口吻があるという意味の有吻類と呼ばれている。読者の皆さんがご存知の菜の花畑に飛び交うモンシロチョウなどの有吻類は鱗翅目全体の99・9％を占めるようになる。逆にいうと、歯ももつモスラ型の原始的なガの仲間のわずか0・1％だけが、1億年以上も前から口器の形状を変えないで生き残っている（図3）。

すなわち、ガ・チョウ類の成虫の口器は、歯（機能する）のみ→歯（機能しない）＋ストロー（機能する）の両方→ストロー（機能する）のみへと進化（変化）した（図4）。この変遷には次の理由がある。

化石では確認できていないが、ジュラ紀では恐らくコバネガ類またはその近縁な別の原始的ガ類のグループの成虫がいて機能的な歯を利用してその当時にあった裸子植物の花粉やシダ類の胞子を食い、幼虫は苔類を食べていた（表1）。ところが植物の進化に伴って、白亜紀初期に花と実をもつ被子植物が誕生する。昆虫側もそれに適合するように、リーフマイナーである幼虫が被子植物［ブナ科（現在はナンキョクブナ科）（ブナ目）］の葉に潜入して食べ、成虫が歯をもつモグリコバネガ科、次いでリーフマイナーである幼虫がブナ科・カバノキ科（ブナ目）の葉に潜り食べ、成虫が機能しない歯と機能するストローをもつスイコバネ類が誕生して、最後に幼虫（イモムシ・ケムシ）が多様な植物を食い、成虫がストローだけをもつ小蛾類が現れ、現在のガ・チョウ類に進化したのだろうとぼくは考えている（寺本 2008a）。

このように、植物側は、昆虫に受粉を助けてもらうために誘引するきれいで美味しい蜜がある花をもつようになり、また動物に食べて種子を他場所へ運んでもらうために美味しい実をもつように被子植物へと進化した。一方、昆虫側では、ガ・チョウ類の成虫は新たにストローをもつことによって植物側からの美味しい蜜の恩恵を受け、イモムシ、ケムシたちは多様な被子植物の葉や実を利用するように適応進化（植物と昆虫の共進化）を成し遂げた。

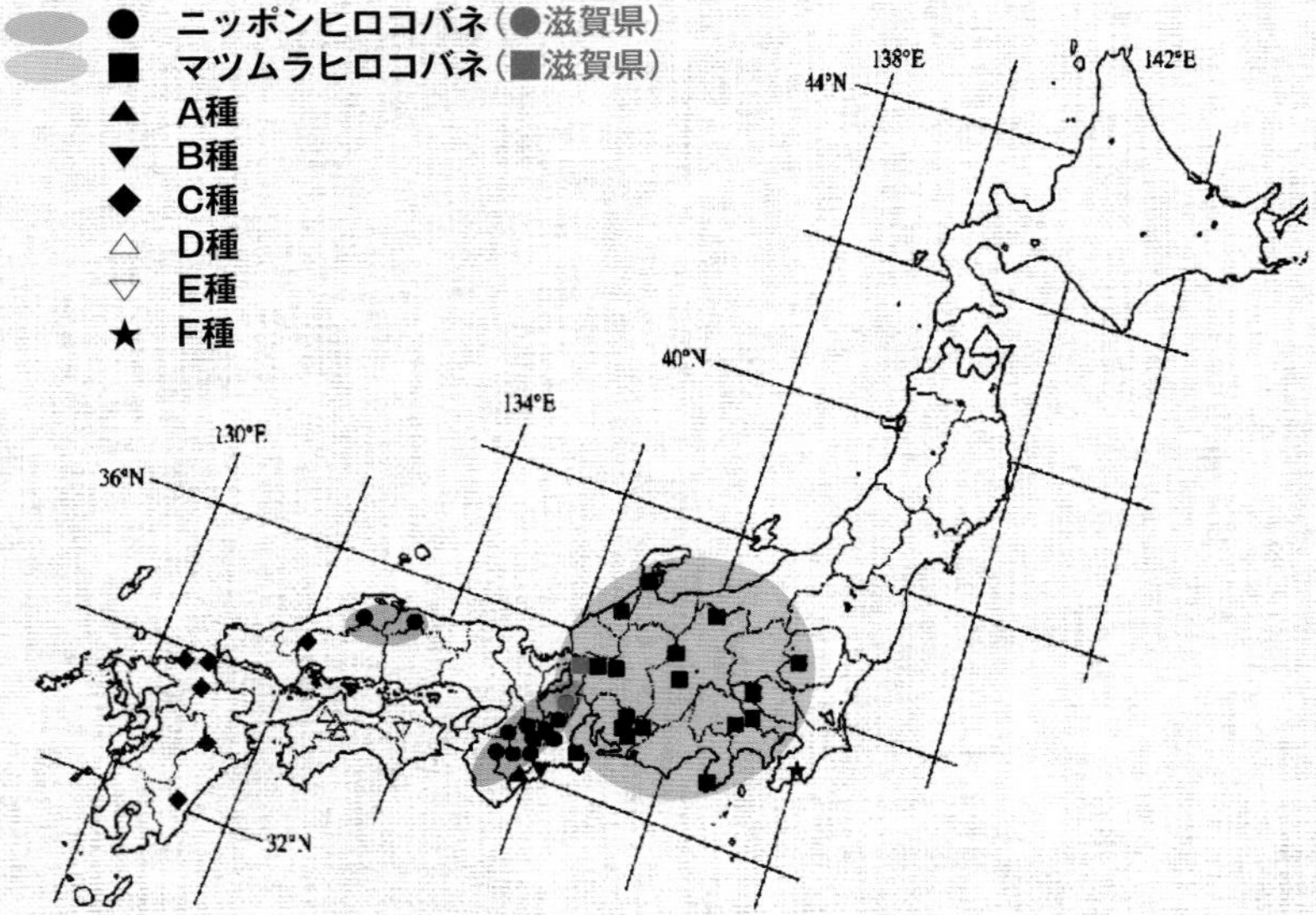

(Hashimoto,2006)の*Neo micropleryx*属の分布より引用

図2　滋賀県のコバネガ類２種の日本での分布

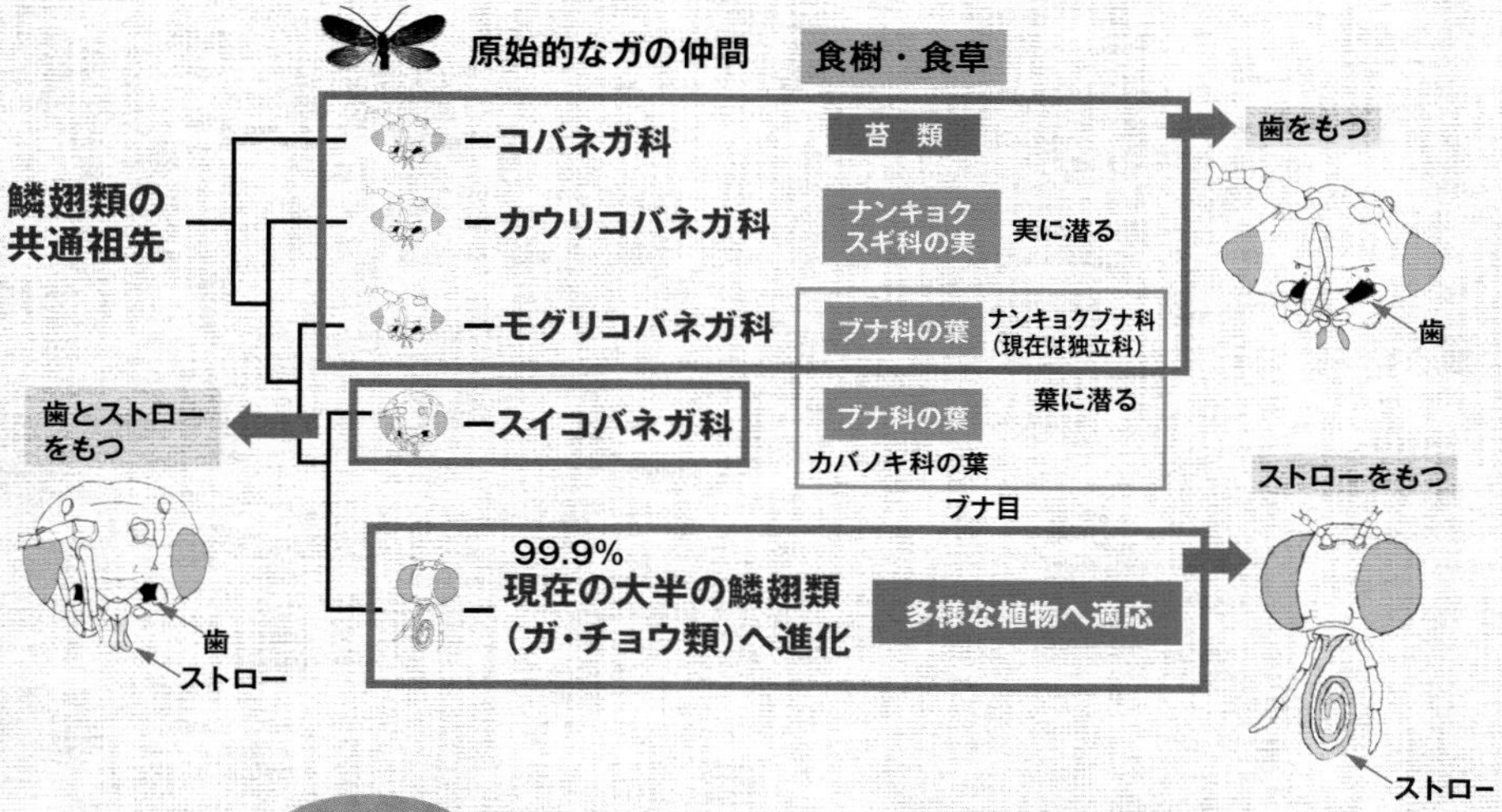

図3 原始的な鱗翅(ガ・チョウ)類と幼虫の食樹

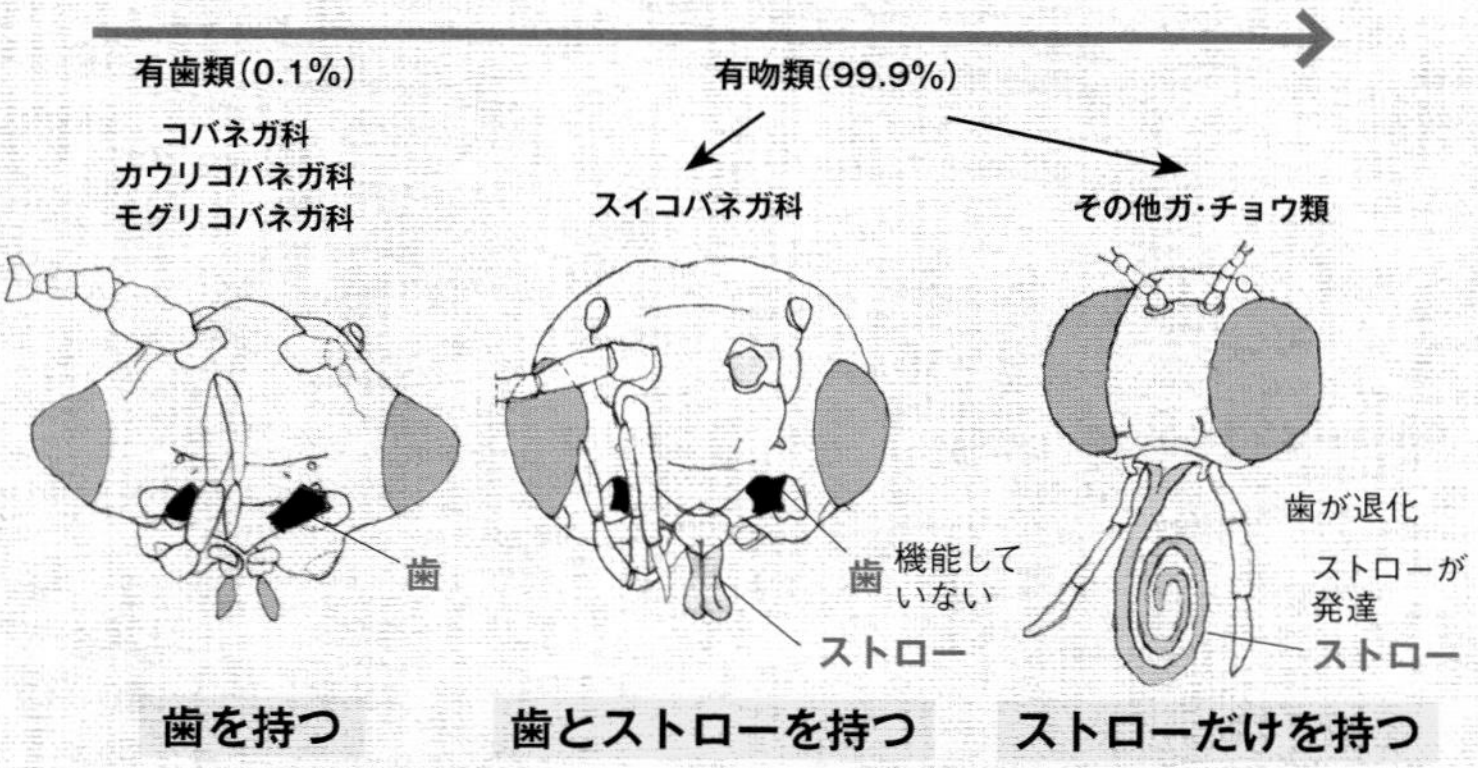

図4 ガ・チョウ類の口器の進化の方向

第2章　中山間～平坦地の森・公園などの街路樹のイモムシ・ケムシたち

では次に、奥山の源流の森から下って中流～下流の森や公園などの街路樹のイモムシ、ケムシたちを探しに行こう！

中流～下流周辺には、河辺林（写真2・7）、または住民が集う公園（写真8）などがある。河辺林は里山の水害の防備や農業用林として大きな役割を果たしてきた。しかし、近年はその多くが開発されたり、管理が放棄されたりして、その姿は失いつつある。里山は利用されなくなると、その機能が一気に崩壊してしまう。河辺林に象徴的なナラ類などの落葉樹林は優占種の照葉樹林へと移り変わったり、竹も材として利用されなくなって放置され、これによって竹林が拡大して植生の単純化が目立つようになる。

またびわ湖の森の河辺林は、標高が低い立地条件でありながら、本来この標高に見られないはずの山地性の植物が生息しているという特徴も持ち、貴重な生き物が育まれる場所でもある。多種多様な植物が生息しているということは、それらを利用する昆虫たちも多く存在することになる。その代表的な河辺林は東近江市になる河辺いきものの森である（写真2）。この河辺の森は今まで多くの研究者によって植物、昆虫などの調査がなされてきた。ぼくも東近江市の許可を得て、この河辺の森で長年、ドングリの木、特にアベマキ、クヌギ、コナラ、ナラガシワなどの落葉性ブナ科植物を中心にイモムシ、ケムシたちの調査を行ってきた。

そして河辺林に加えて、気軽に行ける近隣の公園や道路沿いの街路樹、鎮守の森、庭木、果樹などでもイモムシ、ケムシたちに触れ合える。

本章では身近な樹木のイモムシ、ケムシたちを紹介しよう。

写真7 中流域の河川敷の公園(河辺林)

写真8 下流域にある公園

1 ナラ類の葉や樹幹を食うガ類

びわ湖の森の中でよく見つかる樹種といえば、落葉樹のナラ類などのドングリの木が挙げられる。ナラ類は、クヌギ、アベマキ、コナラ、ミズナラ、ナラガシワなどの落葉性ブナ科植物で、人が利活用するために2次林として植えられたものや自生のものなど河辺林や林道沿いに多く見られる。実は、落葉性のナラ類を寄主とするイモムシ、ケムシの種の数は日本で一番多く、約500種にものぼる（寺本 1996・2008a）。

4月上旬の早春、ナラ類の萌芽が一斉に始まる（写真10）。それに合わせるようにイモムシ、ケムシたちの孵化も一斉に始まるのだ。それは、多くの種の孵化（赤ちゃん）幼虫は柔らかい若葉しか食べることができないからである。新緑が匂う早春からイモムシ、ケムシたちの活動が活発になる（写真11）。

木の枝や葉にぶらぶらぶら下がる大きなミノムシ　―オオミノガ―

誰でも知っているミノムシの話である。しかし、よく知っているようで案外ミノムシの生態について知らない人が多い。ミノムシはびわ湖の森ではどこにでも見られる人気者である。

ミノムシ（蓑虫）とは、大きな隠れ蓑をつくるミノガ科に属するガの幼虫のことをいう。幼虫がつくる巣が、藁で作った雨具「蓑」に形が似ているため「ミノムシ」と呼ばれるようになった。ミノムシは生まれてすぐに小さな蓑をつくりはじめる。自分の身を外敵から護るためだ。幼虫

幼虫のシェルター

写真10 ナラ類（クヌギ）の萌木（4月）

オオトビモンシャチホコの幼虫

ヤママユの幼虫

写真11
早春のイモムシやケムシたち

は孵化直後の分散するとき少し頭・胸部を出して葉を食べるとき以外は、一生のほとんどを蓑の中で生活する。

日本では、ミノガ科に属する種は32種いる。それぞれ蓑の形状が異なり、エサは植物の葉・茎・樹皮、カビ・キノコなどの菌類、地衣類、蘚類、陸上性藻類、昆虫の死骸、生きた昆虫など、植物だけでなく多様なエサを食べる比較的原始的なガの仲間である（三枝・杉本 2013）。

ミノムシとはその中でも一番大きな紡錘形の蓑をつくるオオミノガやチャミノガの幼虫を指す場合が多い。ミノムシは子供から大人まで多くの人に親しまれているが、案外とミノの中のイモムシをじっくり見た人は少ない。オオミノガがつくる蓑の中には大きなころころっとした黒褐色～淡黄褐色のイモムシが入っている（写真12）。

幼虫は多食性で、クヌギ、コナラなどのナラ類（ブナ科）を始め、サクラ（バラ科）、チャノキ（カキノキ科）、サツキ（ツツジ科）などかなり幅広い食性を示し、それらの葉を蓑の開口部から器用に頭部を出して多種の植物の葉に胸脚でつかまって摂食する（写真13）。

成虫は5～7月に羽化し、幼虫は8月に老熟し、10月には蓑の開口部を枝に固着して老熟幼虫態で越冬する。そして翌春になっても何も食べないでそのまま蛹化する。

本種のオス成虫は翅があるガで、口が退化しており、花の蜜などを吸うことはできない。おもしろいことにメスは翅も脚もなく、一般の成虫「ガ」のような姿にはならず、小さい頭・胸と体の大半以上を腹部が占めるようなウジムシ形の変わったガである。さらに変わっている習性がある。成虫になっても蓑内部に留まるのだ。オス成虫はメス成虫が出すフェロモンに誘われて蓑に近づき、蓑の下方の開口につかまると、長い腹部末端（ペニス）をぐぐ〜んと伸ばしてウジムシ型のメス成虫と交尾する（図5）。その後、メス成虫は蓑内で産卵する。孵化した幼虫は開口から脱出、分散してすぐに小さな蓑をつくる。ミノガ類のメスは一生の間を誰にも合わずに蓑内だけで暮らす変わった生活環をもつ。

ところで、10数年前からびわ湖の森のオオミノガの蓑の姿が突然見られなくなった。滋賀県レッドデータブック（ＲＤＢ）２０１０年版では本種は要注目種に指定された（寺本（２０１１））。この原因は１９９０年代に中国から偶発的に侵入したオオミノガヤドリバエ（オオミノガのみに寄生）という外来種の寄生バエによるものだ（写真14）。本種はオオミノガ幼虫が摂食する植物の葉に多数産卵し、それを食べたオオミノガ幼虫の体内に寄生して、その後生かさず殺さず蛹まで生育させて死亡させる。滋賀県だけなく全国的に絶滅するのではないかと懸念されるほど個体数を減じた（写真14）。ブラックバス、ブルーギルのように外来種による在来種への影響は大きい。しかし、数年前から徐々に復活して滋賀県ＲＤＢ２０１５年版では本種は要注目種の指定が解除された（寺本 ２０１６）。これは、寄主のオオミノガの密度が低下したため、寄生者のオオミノガヤドリバエの個体数も減少したためと考えられる。

さらに、外来種のオオミノガヤドリバエ（一次寄生者）に寄生する在来のキアシブトコバチ（二次寄生者）やハエトリグモ（二次捕食者）などが新たに出現して、新しく日本に侵入した害虫に対する食物連鎖が複雑化している。種個体群と寄生者との関係には大昔からこのような、食うか食われるかの食物連鎖のバトルや淘汰が繰り返されて、環境変化に適応できなくなった種が

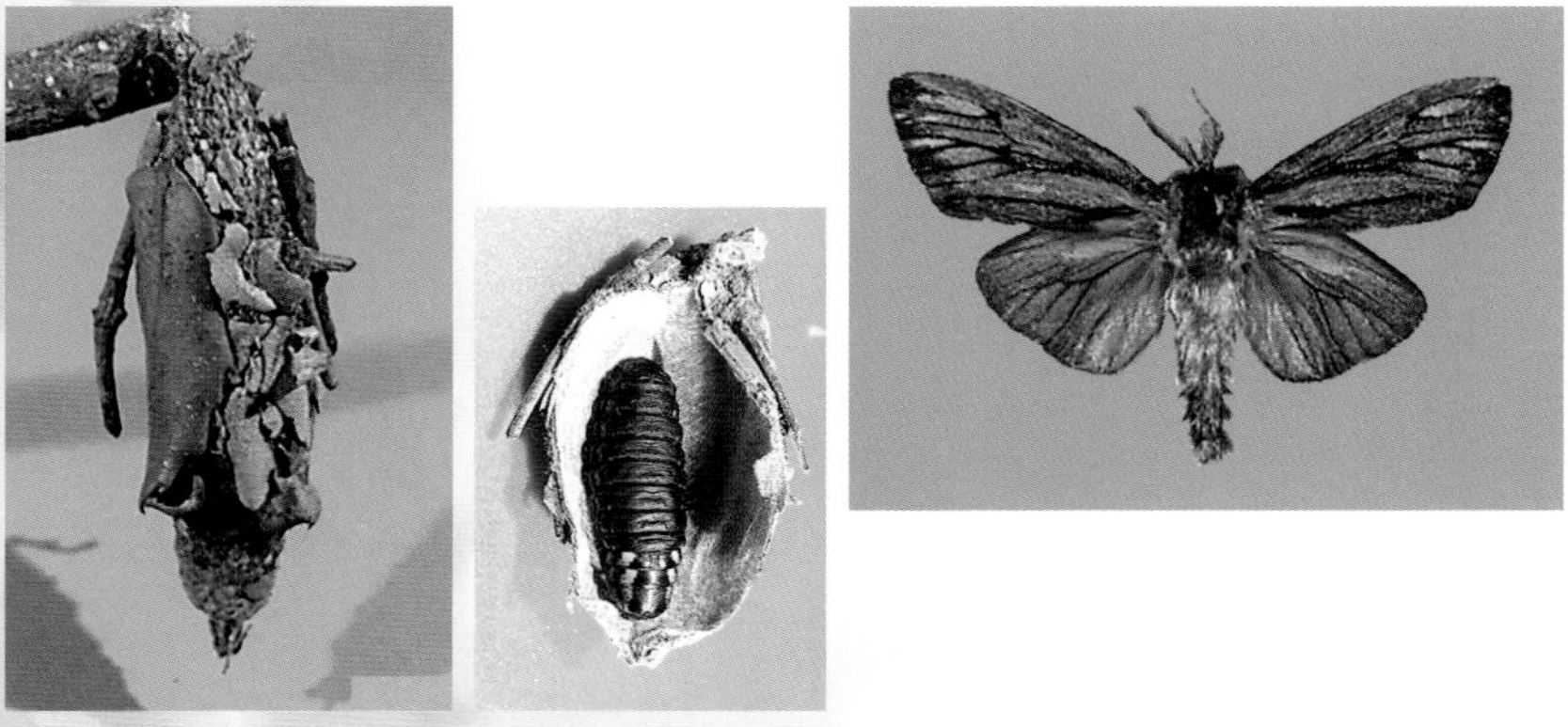

写真12 オオミノガの蓑と幼虫・成虫

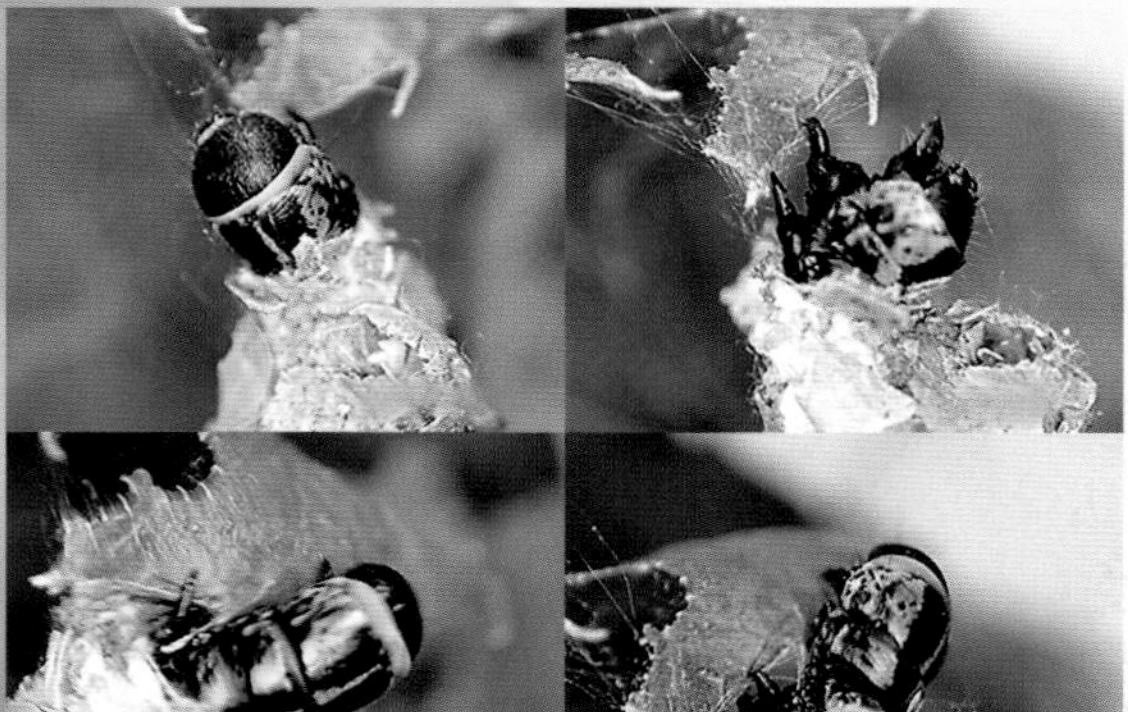

写真13 芽から頭を出して摂食するオオミノガの中齢幼虫

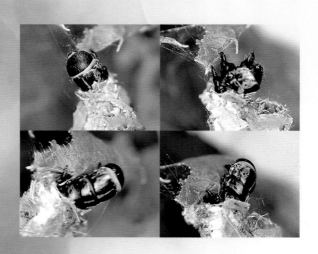

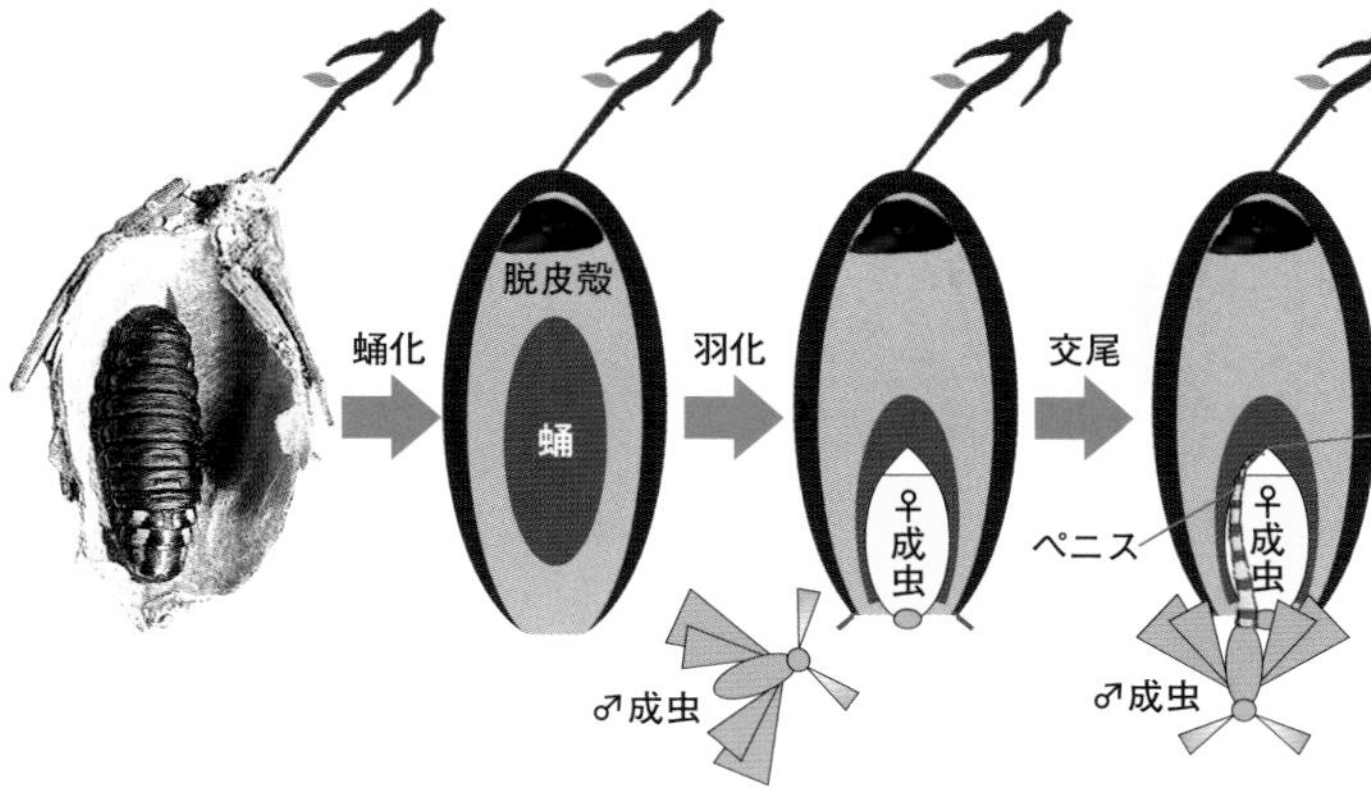

図5　ミノムシ（オオミノガ）の交尾

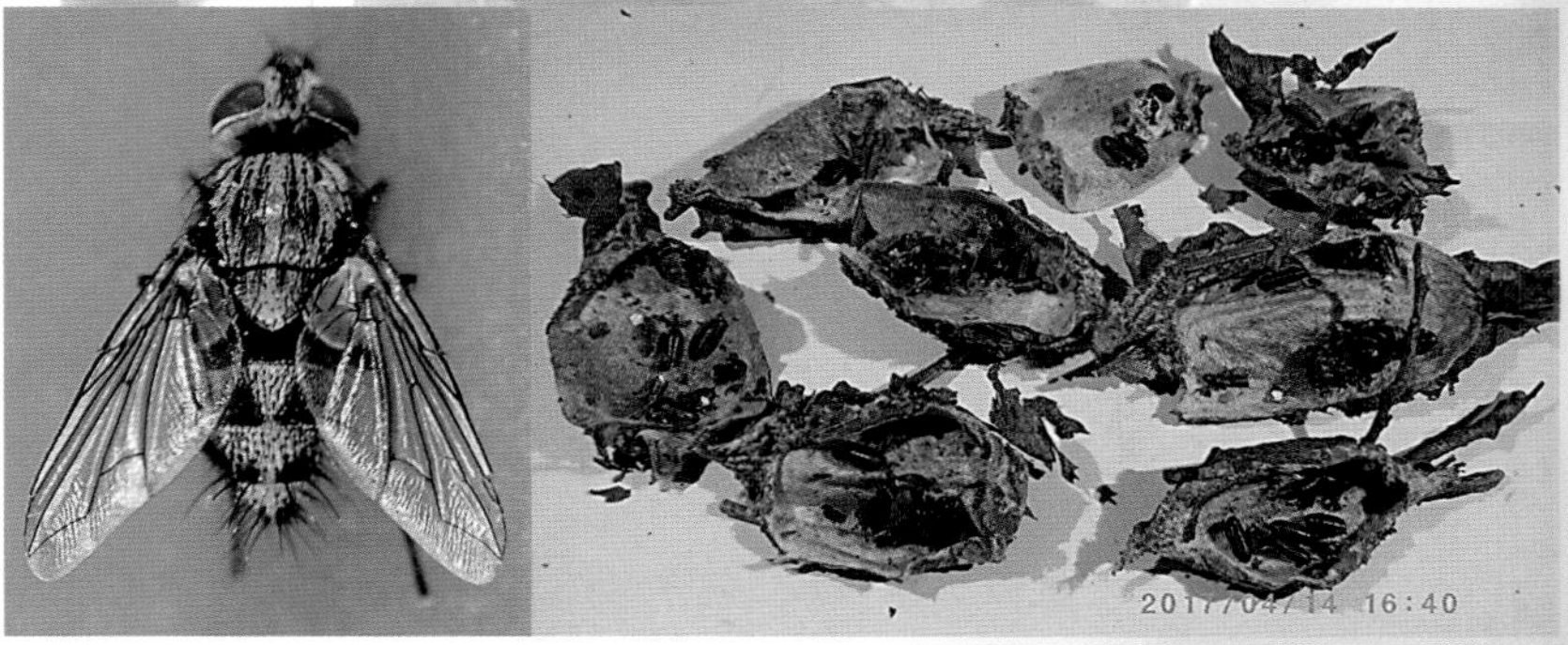

写真14　寄生者のオオミノガヤドリバエと
寄生された蓑中の寄生バエの抜け殻

絶滅したりして、有利な種だけが生き延びてきた。

今後オオミノガの個体数が増加すると、再び寄生バエも増加してオオミノガの個体数が減少する…というこが繰り返されるであろう。

びわ湖の森の空を飛ぶケムシ　―マイマイガ―

マイマイガはドクガ科に属し、北アフリカ・ヨーロッパ・アジア・北アメリカなど北半球温帯域に広く分布する森林の大害虫である。成虫が時に大発生して異常な頭数が街灯に集まったり、幼虫が樹木の葉を食いつくして丸坊主にしたりして大きな社会問題となることがある（写真15）。本虫はナラ類、カシ類、サクラ類など各種の木本科、草本科植物を加害する極めて多食性の6cmにもなる大型のケムシらしいケムシである（写真16）。刺毛は固く、触るとチクッとするが毒はない。

本種は孵化後一気に分散して様々なところへ移動するため「ジプシーモス」と呼ばれ、また、ケムシが糸を吐いて枝からぶら下がっている様子がよく見かけられるため別名「ブランコケムシ」とも呼ばれている。若齢の小さなケムシは高所へ上って糸を吐いてぶら下がり、糸と共に風に吹かれて100mほどの遠距離移動ができる（写真17）。今では琵琶湖を飛ぶ「鳥人間」という言葉が定着しているが、マイマイガはびわ湖の森の中を飛び回る「鳥ケムシ」なのである。

本種は全国どこにでも見かけるケムシなので、漫画家の赤塚不二夫の作品に登場する「ケムンパスでやんす」としゃべるケムシ「ケムンパス」は、本種から発想して生まれた架空のキャラクターの可能性が高い。

本種は年1回の発生、卵態で越冬する。メス成虫は7～8月に羽化、交尾し、一般的には地上1m内外の樹幹上、枝下などに1300粒内外の卵粒を腹部末端の鱗毛を塗り付けて卵塊で産卵する（写真15）。図鑑、論文などには本種の産卵数は500～600粒などと記載されているが、湖北地域のびわ湖の森に生息する卵塊を調査したところ、2倍以上の卵数の場合が多かった（寺本 1994・1996）。滋賀県に生息する本種は、遺伝的な研究に基づいて（生態）以前亜種'*obscura*'とされていたことにも起因しているかも知れない（井上ら 1982）。樹幹上の卵塊の産卵位置は、地域によって異なることが知られており、積雪地帯では地上近く低く、積雪地帯ではない地域では高くなる。これは、積雪地帯の冬季、鳥類のエサが不足している時期に、加害されないように本虫の卵塊が雪で埋まる位置に生む産卵習性が淘汰、固定されたとされている（写真19）（東浦 1989）。

前年に産付された卵塊内の卵は徐々に孵化し、孵化幼虫は群生して卵塊付近にしばらく静止する。日中の最高気温が18～20℃に達すると糸を垂らし、糸と共に風に乗り分散する。2017年の定点調査では、孵化初めが4月6日、翌日の7日には多数が孵化、孵化4日後には孵化最盛期になり、孵化7日後は分散が開始、孵化13日後には分散が完了する。すなわち、孵化から分散まで2週間を経過し、孵化幼虫は温度が上昇するまでは何も食べないで卵塊上で静止する（写真18）。その後それぞれのケムシの赤ちゃんはブランコケムシと言われるがごとく、絹糸を口から垂らし流して、絹糸とともに風に乗って空を飛ぶ。そして他の樹木などに移動・

写真15 **大発生した年のマイマイガの産卵風景**
（山本雅則氏　撮影）

写真16 **マイマイガの終齢幼虫（60㎜）と成虫（左♀：右♂）**

写真17 空へ飛び立つマイマイガの1齢幼虫

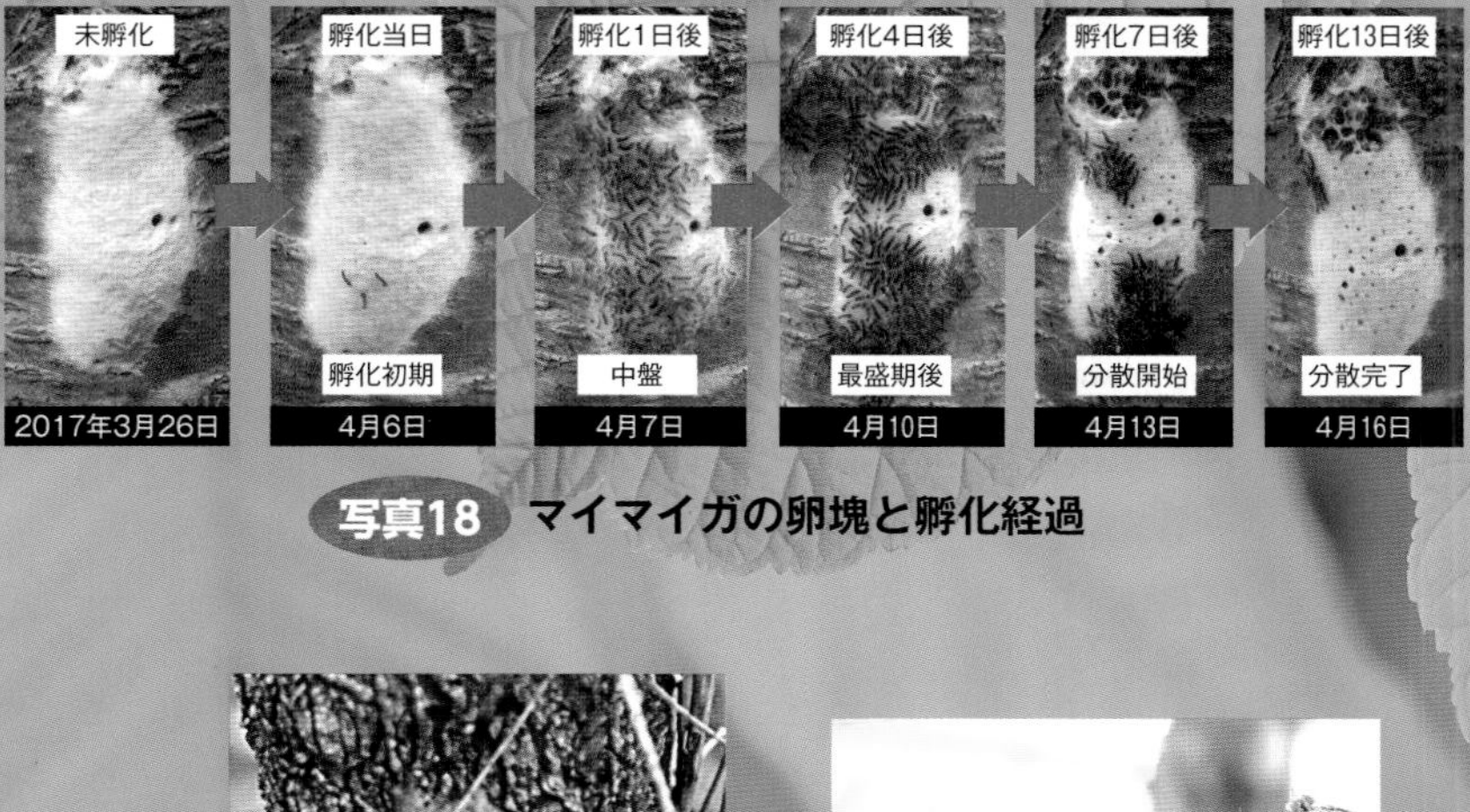

写真18 マイマイガの卵塊と孵化経過

写真19 鳥に食われた
マイマイガの卵塊

写真20 日中活動停止している
マイマイガの終齢幼虫

分散する。終齢幼虫は最大6㎝にもなる大食漢の大きなケムシ（写真16）で、1本の樹木に集中するとエサが足らなくなるので、若齢幼虫の間に移動・分散してできるだけ密にならないようにしている。また、中齢幼虫までは、樹上でも絹糸を垂らして移動したり、糸を手繰り寄せて再び上がってもとに戻ったりして、日中に食樹の葉を食べる光景を見かける。

実は、本種は寄主植物でない家の軒下の壁などにも卵塊で産卵するという驚きの習性がある。これは、①いつでも風に乗って飛んでいける、②極めて多食性で多くの植物をエサとすることができる、すなわちこれは飛んで行った先のほとんどの植物を食べることができるという彼女らの自信の表れである。

大型になった中齢以降のケムシたちは、徐々に日中活動が活発でなくなり、5月上旬以降の日中は日陰の太枝の下部や樹幹にじっと静止して昼寝をし、夜間に行動して葉を摂食する習性に変化する（写真20）。

イモムシがトンネルを掘り、成虫は空中から卵をばら撒くガ類 ―コウモリガ類―

日本にはコウモリガ科に属するガ類はコウモリガとキマダラコウモリの2種がいる。これらも比較的原始的なガ類である。成虫が胸脚の6本でつかまってぶら下がる様子（写真21B1）や日没前に行動する生態が、ほ乳類のコウモリにそっくりなのでコウモリガと名付けられた。

成虫は8〜11月に出現する。日中は薮内の枝などに脚でぶら下がって静止していることが多いが、夕暮れになるとスイッチが入って活動を始め、夕焼け空へメスとオスとが飛び立ち、その後カップルが成立して交尾する生態をもつ（図6）。

交尾したメス成虫はその後特殊な行動をとる。なんと空中から卵をばら撒くのだ。飛行しながら3000～1万粒もの卵を、戦闘機が空中から爆弾を落とすように広範囲の地表にばらまく（図6）。

通常のガ・チョウ類のメス成虫は自分の子供たちが食べることができる限られた寄主植物に産卵する。視覚（植物の色彩を複眼で感知）、臭覚（植物が出す香りを触角で感知）、味覚［植物に含まれる化学物質を前脚の先端部分（附節）や触角で感知］などで丹念に調べて寄主植物と判断してから産卵するのが普通だ。ところが、コウモリガ類のメス成虫は空中から多くの卵をばらまく習性があることから全く寄主植物を意識していない。この空中産卵法は、①1万個もの卵を産んで孵化した幼虫が少数でも生き残ったらよいとする繁殖戦略（生態学ではこれを「r戦略」という。ちなみに多くのヒトやサルのように少数の子供産んで、大切に育てるのを「K戦略」という。）、②幼虫がほんどの植物を食べることができる高度の多食性の自信からそういう適当な産卵生態に進化したものと考えられる。

翌春に地上で卵から孵化した初齢幼虫は地上生活を送り、偶然の出会った柔らかい草や枯葉を摂食し、その後成長したイモムシは、近くにある樹木に移行して、今度は樹木の幹や枝の固い木質部をエサとし、ドリルのような剛健な歯で幹中にトンネルを掘り進んで穿孔する（図22A）。本種は孵化から蛹化するまで2～3年を要する長期の幼虫生活を送る。

コウモリガ類は多食性で、コウモリガではブナ科に属するクヌギ、コナラなどのナラ類の他、

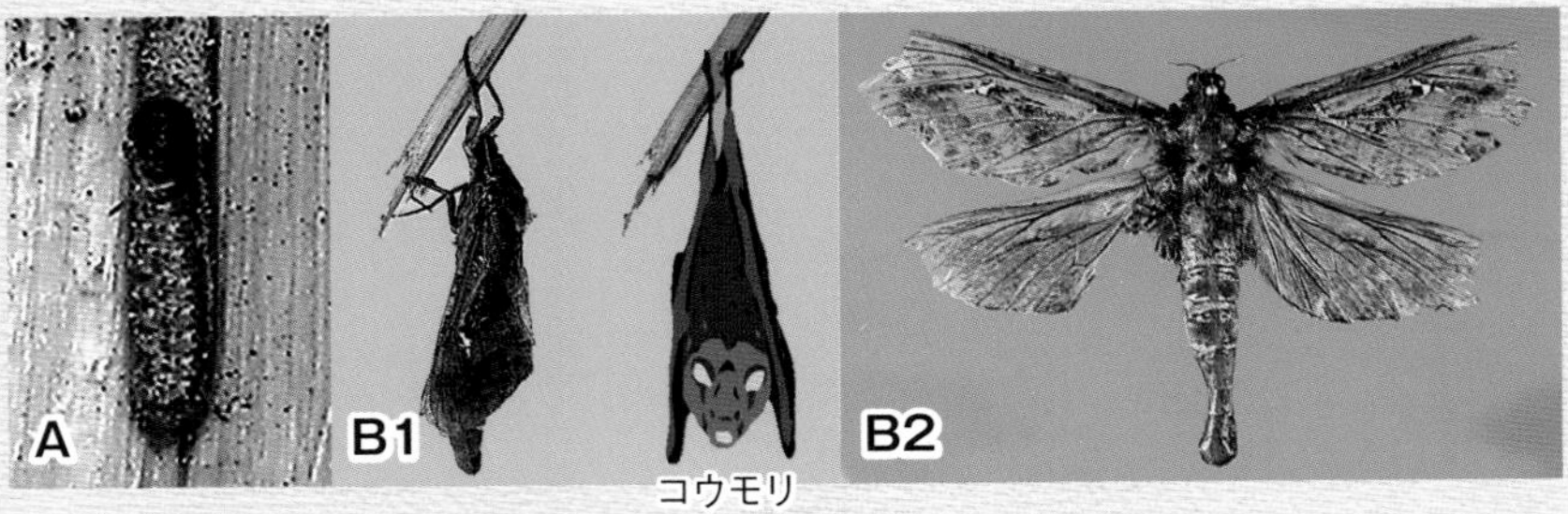

写真21 **コウモリガ類の終齢幼虫と成虫**
（A：コウモリガの終齢（60㎜）、B1・2：キマダラコウモリの成虫）

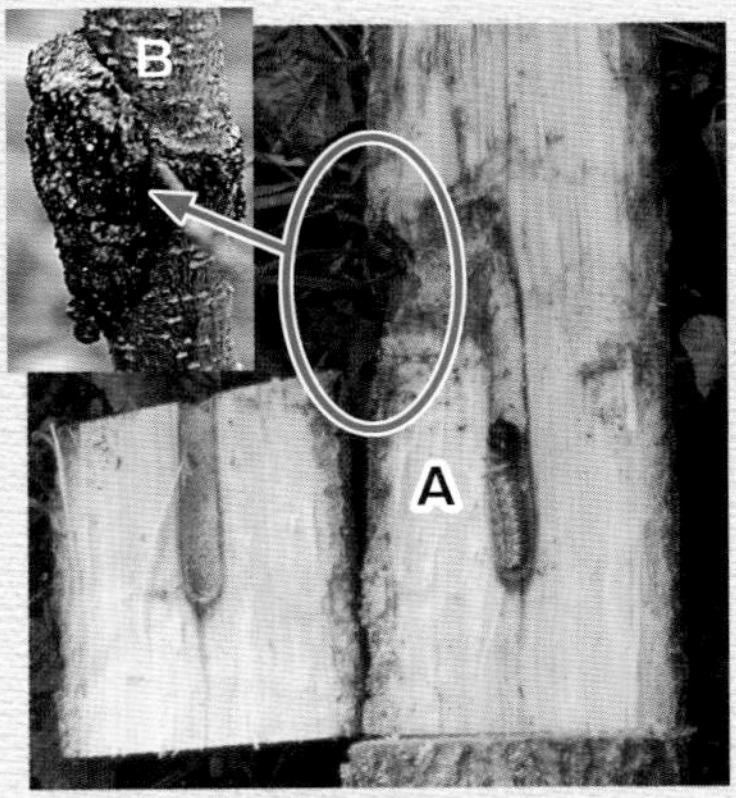

写真22
コウモリガ類（コウモリガ）による被害木
A：本種による穿孔　B：穿孔入り口の蓋

図6
コウモリガ類の日没前の飛翔と産卵行動

バラ科、ブドウ科、ゴマノハグサ科、タデ科、キク科、イネ科など、またキマダラコモウモリではブナ科、バラ科、ヤナギ科、ゴマノハグサ科、カキノキ科、ナス科など草本から木本植物までかなり幅広い食性を示す。穿孔の出入口は自分の出した糞と穿孔でできた木くずなどを絹糸で綴った大きなおわん型の蓋をする習性がある（図21A・図22B）。

2 カシ類の葉を食うガ類

常緑樹のカシ類は河辺林の他、公園、街路樹、庭木として利用されており、びわ湖の森のどこでも出会える一般的な樹木である（写真23A）。萌芽は、アラカシではナラ類よりもやや早く（3月中下頃）（写真23B）、少し葉の幅が狭いシラカシはすごく遅い（5月頃）特徴がある。早春に合わせた大多数の種の幼虫発生とシラカシの若葉発生が大きくずれているため、シラカシはイモムシ、ケムシたちの加害が少ない（寺本 1996）。

カシの木を局所的に丸坊主にするイモムシ ―オオトビモンシャチホコ―

カシ類の中でアラカシは街路樹や庭木、生垣としても植えられているので、もっとも知られている樹木である。

アラカシの葉が茂る5月頃、枝をよく見ると、葉や枝に胴部が光沢ある赤茶色のイモムシ団子がぶら下がっている（写真25B1）。この団子の正体はオオトビモンシャチホコの中齢幼虫た

写真23 **カシ類(アラカシ)**

A:公園にあるアラカシの街路樹

B:アラカシの萌芽(3月下旬)

写真24 オオトビモンシャチホコの終齢幼虫（38㎜）と成虫

写真25 集団でカシ類を加害するオオトビモンシャチホコの幼虫
（A：若齢幼虫、 B：中齢幼虫）

ちだ［3月下旬〜4月に観察される若齢幼虫は光沢ある淡褐色（図25A）］。このイモムシ、ケムシたちは集団で葉を暴食するギャングで、大発生する地域は限られているが、発生地域では春季に毎年大発生してアラカシなどの大きなドングリの大木1本をあっという間に丸坊主にしてしまう（写真26）。

オオトビモンシャチホコの幼虫はシャチホコガ科に属し、ブナ科の落葉性コナラ属のクヌギ、アベマキ、コナラ、ミズナラ、カシワ、常緑性コナラ属のアラカシ、シイ属のスダジイ、クリ属のクリなどのドングリの木の葉だけを食べる。

イモムシたちに刺激を与えると一斉に頭・胸部をふり上げ、反り返してシャチホコ型体形になる習性がある（写真25B2）。このイモムシの仕草はシャチホコガ科に属する多くの種の幼虫の特徴でもある。

おしくらまんじゅうをしている団子状態のイモムシたちは、最初は集団で1本の樹体の中でスポット状に一部の枝の葉を食いつくす。これは成虫（写真24）が夏季において樹皮や小枝の中間位置付近の表面に腹部の鱗紛を付けた大きな卵塊で産卵（写真27）、卵越冬して、春季の孵化から終齢幼虫まで集団で生活をするためである。彼女たちは中齢まではイモムシで、亜終齢になると少し刺毛が目立つようになってケムシに変身する。

終齢幼虫になると最大5㎝程度に成長し、赤、黒、褐色が混ざった東洋的エキゾチックな幾何学模様がある寸胴の大きなケムシになる（写真24）。彼女たちの食欲は半端なく、アラカシの水分が少ない硬くなった成熟葉を自慢の歯（大腮《たいさい》）を使ってバリバリと食い続けるのだ。その結果、大きなアラカシの木はあっという間に丸坊主になってしまう。樹木の下を見ると地表には大量のコロコロっとした硬い糞で覆われる。その糞の山は彼女たちの大食漢を物語る。

終齢幼虫はアラカシの葉のご馳走を食べ続けてお腹いっぱいになると、老熟幼虫となってぞろぞろと地上に降りはじめ、落葉の中や土の浅いところに潜って楕円形の繭をつくりその中で蛹化する。

3 サクラの葉を食うガ類

河川の中・下流域の河川敷には公園やゲートボール場が設置されている。そこには必ずと言ってよいほどサクラ（ソメイヨシノ）が植えられている（写真7・8）。

びわ湖の森では雪が深々と降っていた長い冬が終わり、3月下旬から4月上旬に入ると待ちにまったサクラの開花が始まる。心地よい春風と共に美しいサクラの花につられて人々が集い、そこは家族連れなどの花見客で賑やかになる。

サクラの花に集まるのは人々だけでない。開花を待ちこがれていたミツバチたちが花蜜を集めるためにサクラの花に集まる。サクラの花は美味しい蜜をつくって受粉の手伝いをしてもらうためにミツバチたちを誘うのだ。別の花で吸蜜して花粉を付けたミツバチたちが花に入り込むと、花粉がめしべの花柱につき、受粉してサクランボができる。観賞用のソメイヨシノでもよく見ると小さなサクランボができている場合がある。

余談になるが、第1章で記述したように綺麗な花と実をつける被子植物が誕生したのは、白亜紀の初期（1億4千万年前）で（表1）、競ってきれいな花と蜜をつくることによって、昆虫を誘って受粉させて結実させ、そしてその実が鳥や動物に食べられて別場所に運ばれ、種（たね）が糞とともに排出される。地面に根を張って動けない樹木たちは、昆虫や動物をうまく利用して、自分の子孫の分布拡大を行うのだ。この動物による一連の行動を「種子散布」というが、生き物の共存共生の仕組みがとても面白い。

びわ湖の森のサクラを食い尽くすケムシ　―モンクロシャチホコ―

サクラの木に集まる昆虫はミツバチだけではない。サクラの葉を食べるイモムシ、ケムシたちもそうである。サクラは花が終わりかけると、ようやく萌芽が始まる。そうであるサクラの木がピンク色から緑色に変身すると、あれほど人々によって昼夜賑やかだった公園では人々が消え去るが、今度は再び若葉を求めるイモムシ、ケムシたちで賑わうのだ（写真28）。

ところで、8月になると急にサクラの葉がなくなる木をよく見かけると思う。1本2本の数ではない。そこら中のサクラの木が丸坊主になっているではないか（写真31）！　モンクロシャチホコのケムシたちの仕業である。本種の主な食樹はサクラ、ウメ、リンゴ、ナシなどのバラ科植物で、年に1回だけ発生し、蛹で越冬する大型のイモムシ、ケムシである。その蛹は厳しい冬を土中で乗り越え、春、初夏もさらに蛹休眠して、ようやく8月に羽化、交尾、産卵をして、毎年夏季の8～9月にはイモムシ、ケムシたちが発生する。

写真26

オオトビモンシャチホコの
被害樹(アラカシ)

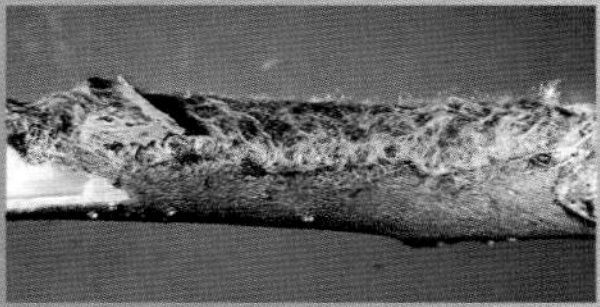

写真27

枝に産み付けられた
オオトビモンシャチホコの卵塊

写真28

サクラ(ソメイヨシノ)の
開花と萌芽後

モンクロシャチホコはシャチホコガ科に属する大型のケムシで、終齢になったケムシの体は張りがなくて柔らかく、鯱《しゃちほこ》スタイルで枝にぶら下がっている（写真29・30）。近年、昆虫食が注目されるようになり、本虫の姿形はグロテスクだが、炒めたり、天ぷらなどにして食べるとサクラの風味がして美味しいらしい。日本でもコオロギせんべいやコオロギスナックなどが販売されて人気商品となっている。

葉裏に産卵された卵塊が孵化してから、幼虫は脱皮を繰り返して少しずつ大きくなるのだが、亜終齢（終齢の一つ手前の幼虫ステージ）までは明るい赤褐色のイモムシで、イモムシ団子になって群棲しながら肩を並べ合って葉を暴食する（写真32）。ちょっといたずらして枝を揺らすと、多くのイモムシたちがスルスルと糸を垂らしてぶら下がる（写真33）。女性がこの状況を見れば、間違いなく失神するであろう！　まるで、イモムシたち空中遊泳をしているようである。ぼくはそれを観察するのが楽しいのだ。変わり者である。

赤褐色のイモムシから、終齢になると黒っぽい大きなケムシに変身して、集団で競って尋常でない葉数を食い荒らす。ケムシたちはみるみる成長し、サクラの木はあっと言う間に丸坊主になる。被害樹の下に目を移すと地面が多くのケムシが排出した赤褐色の糞で覆われている。1本のサクラの葉を食いつくすと、次はエサを求めてイモムシたちの大移動が始まるが、移動先のまわりのサクラの葉が無くなると、ケムシたちが道端でバタバタと餓死してしまう（写真34）。

モンクロシャチホコのイモムシ、ケムシたちは、結局、発生個体数が多すぎて、一部のケム

写真29 モンクロシャチホコの終齢幼虫（45㎜）と成虫

写真30 シャチホコ型のモンクロシャチホコの終齢幼虫（45㎜）

写真31 モンクロシャチホコの食害で丸坊主になった桜の木々（8月）

写真32 集団で肩を並べ合ってサクラの葉を暴食するモンクロシャチホコの中齢幼虫（8月）

写真33 空中遊泳するモンクロシャチホコの中齢幼虫（8月）（線画）

シしか生き残れないことになるのだが、この不利だと思われる次世代につなぐ戦略を凝りもせず毎年繰り返すのだ。おそらく彼女らにとって、r戦略が一番有利な繁殖方法なのだろう。一方、被害者側のサクラの木は毎年丸坊主になっても枯れることは極稀で、翌年の春には何事もなかったように美しいサクラの花を咲かし、人々が再びサクラの木に集まる。

チョウのようにサクラの周りで乱舞する美しいガ　―ウスバツバメガ―

10月上旬の霧かかる早朝、びわ湖の森の公園などには今まで見たこともない幻想的な光景が目に入る。霧の中を多数のウスバツバメガたちがサクラの木の周りをチョウのようにふわふわと飛び交う乱舞である（写真36）。彼女たちは秋に一度だけ現れる優美なガの仲間である。この乱舞は気象条件がそろった一日で終わってしまうため、この光景を偶然にも見ることができた人はたいへん幸運である。この乱舞の様子をたまたま撮影できた新聞記者が地方版の紙面に必ず掲載するほどの幻想的な光景である。

暑かった夏が過ぎ、残暑が残る初秋のあと、少し寒くなった晩秋に一斉に羽化した彼女・彼氏たちはメスとオスとが結婚相手を見つけるためにサクラの木のまわりで乱舞する。集団のお見合いのあと、メスは選んだオスだけとカップルとなり、遺伝子を次世代に引き継ぐために交尾を行う（写真38）。しかし、多くのオスはメスにふられて交尾もできない（Koshio, et al. 2007）。次いで、午後はメスだけが産卵場所を探して飛び回ってサクラなどの寄主植物に産卵するのだ。

本種はマダラガ科に属するガ類である。普通のガ類の成虫は街灯などの光に集まる夜行性が

被害樹下の糞

餓死した終齢幼虫

写真34 サクラの木の下のモンクロシャチホコの糞の山と餓死した終齢幼虫食害(8月)

写真36 サクラの木の周りを乱舞するウスバツバメガの成虫(10月)
(南尊演氏 撮影)

写真37 サクラの樹幹で休みウスバツバメガ
(南尊演氏 撮影)

多いが、ウスバツバメガは昼行性で、成虫の翅は鱗粉が少なく透明感があり、チョウ類の美麗種であるウスバシロチョウに似ている。翅は白色の地に翅脈が灰黒色で縁取られ、前翅の基部には目立った橙色紋があり、後翅にはアゲハチョウのような尾状突起をもつ一見チョウのように見える大変美しいガである（写真38）。

本種は年1回の発生で、若齢幼虫で落葉の下などで集まって越冬する。越冬幼虫は4〜6月上旬にサクラなどの食樹の葉を摂食した後、6月中・上旬ごろに終齢幼虫になる。そして葉裏などでボート型の繭をつくり（写真40）、前蛹での50日程度の夏休眠を経て蛹化後、9月下旬〜10月上旬に羽化、交尾、そして産卵を行う。発生はサクラなどを植栽している平坦地で見られるが、局所的である。成虫が乱舞していたサクラの木を翌春に訪れると必ず葉を摂食している多くの幼虫が観察できる。

本種のケムシは、バラ科に属するサクラ、ウメ、アンズ、スモモ、ボケ、ヒメリンゴやニレ科に属するエノキの葉を食して成長する。びわ湖の森では公園や街路樹として植栽されたサクラでの発生が多い。若齢期は葉の裏面を摂食するが、中齢以降は葉の支脈の間に丸い穴を開けて摂食する特徴がある（写真39）。

写真38 乱舞後に交尾するウスバツバメガの成虫（10月）

終齢幼虫の体形は寸胴で、鮮やかな白黄色地に節間付近が太くなった5本の黒色縦縞が走った色彩は目立つ。腹面は白色で光沢があってみずみずしく、胸脚と腹脚は短い（写真39）。頭部は前胸にカメの頭のように体中にひっこめている場合が多いので、外見から観察することは難しい。触ると体表から透明な液玉を分泌するが、毒はなく幼虫に手で触っても問題ない。分泌液は鳥などが嫌う一種の防御物質であると言われ、そのため本種のケムシの派手な色彩は外敵に対する警戒色だと考えられている（Koshio, et al. 2007）。

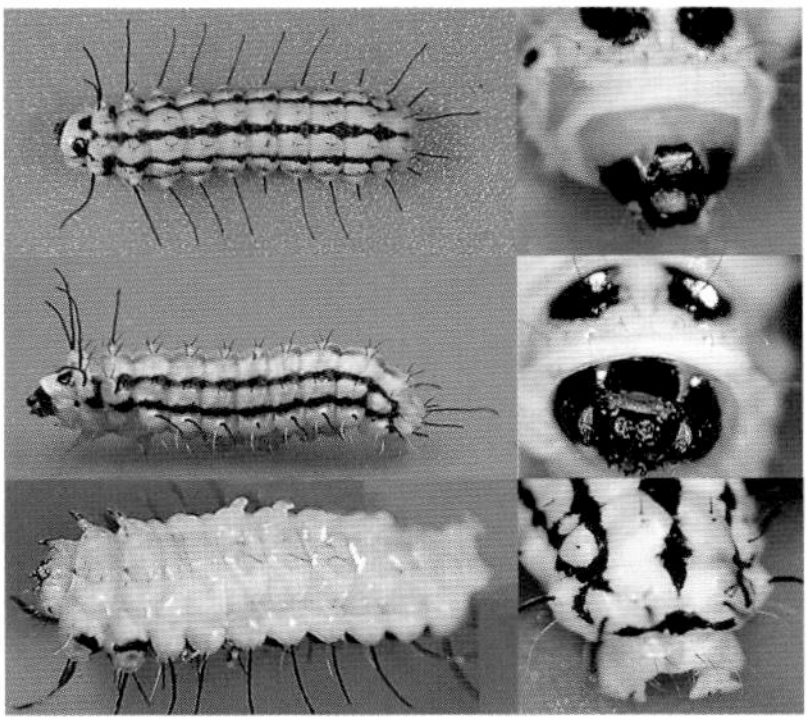

終齢幼虫（22㎜）

写真39 サクラの葉に穴を開けて摂食するウスバツバメガの幼虫

写真40 葉裏につくられたウスバツバメガの繭

4 カキノキの葉を食うガ類

カキノキは果樹農家や家庭園芸などで栽培される一般的な果樹である。ぼくの家の庭にも3本のカキノキがある。この皆が知っているカキノキだが、栽培中に嫌われもののケムシたちが現れる。毒をもつイラガ類（イラムシ）と外来種の世界的な大害虫であるアメリカ大陸から渡っていた外来種のアメリカシロヒトリのケムシである。

毒針をもつイラムシたち　―イラガ類―

イラガ類（イラガ科に属するイラガ・アオイラガ・ヒロヘリアオイラガなど）の幼虫は、脚が短く、胴部はナメクジ型でずんぐりした体を呈していて、一般にイラムシなどとも呼ばれている（写真41）。

イラムシは学校の校庭や公園のサクラ、庭のカキノキなどの葉を加害する衛生害虫である。イラムシの肉質突起には多くの毒棘を持ち、外敵を察知すると棘の先から毒液を一斉に分泌する。触れた瞬間にハチに刺されたような、また電気に触れたような激しい痛みを感じるためデンキムシ（電気虫）とも呼ばれ、この痛みは皮膚に刺さると毒棘の先から毒液が分泌、注入されるためである（図42）。場合によっては毒棘に触れるだけで皮膚に水疱状の炎症を起こし、痛みは1時間程度、かゆみは1週間程度続くことがある。

それでは、イラガ類の食害方法を見てみよう。イラガの幼虫（写真41A）は群集しないが、

写真41 イラガ類の成虫と終齢幼虫

A：イラガ（幼虫 24㎜）
B：アオイラガ（25㎜）
C：ヒロヘリアオイラガ（30㎜）

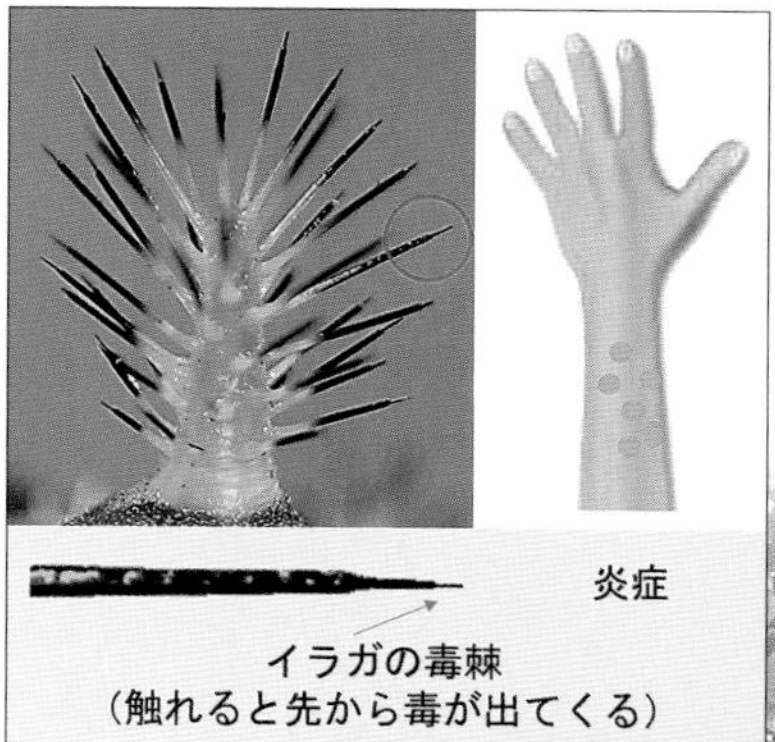

写真42

イラガの終齢幼虫の肉質突起と毒棘

他のイラムシのヒロヘリアオイラガ（写真41C）やヒメクロイラガの幼虫たちは群集して食害する。これらのイラムシたちは中齢期までは葉裏に集団でお行儀よく並んで葉裏の表面だけを摂食する。終齢幼虫になると食害は樹木全体に広がり、葉脈の筋だけが残った食害葉が枝にぶら下がった状態になる変わった食害方法をとるのでイラムシによる食害とすぐ分かる。

例えばイラガ類の代表的な種であるイラガの生態について紹介しよう（写真41A）。

本虫は、カキノキ（カキノキ科）を始め、サクラ・ウメ・リンゴなど（バラ科）、カエデ類（ムクロジ科）、ヤナギ類（ヤナギ科）、クヌギ・アベマキ・コナラ・クリ（ブナ科）などの様々な樹木の葉を食害する幅広い食性を示し、他のイラムシと同様に多食性である。

イラムシの発生は7～9月の年1回、時に10月ごろも発生して年2化となる。卵は葉裏に数個ずつ産み付けられ、葉裏の表皮を食害して成長し、壮齢幼虫になると葉脈を残してバリバリと食害するようになる。やがて終齢幼虫が老熟すると枝や幹上などに空気や水をほとんど通さない硬い繭をつくり、繭中で前蛹になって越冬する。

繭の外観では分からないが、羽化時の脱出口として、繭先におわん状の蓋を備える。前もって蓋がはずれるように、営繭時のイラムシによって片方の繭先に予め円形状の切り取り線が刻まれている。その蓋は物理的衝撃によってはずれるようになっている（写真43）。蛹の顔面にはバラのトゲのような斧上突起があるため、羽化前にが繭内で暴れて突起の衝撃によって蓋が外れる仕掛けがあるという（古川真莉子氏私信）（写真44）。

繭には太い白色帯と褐色帯がある縞模様型（枝先上）と不明瞭模様（淡褐色・褐色）型（幹上）

とのタイプがあり（写真45ＡＢＣ）、枝上と幹上で繭の色彩を変えているという。

本種の死亡原因で一番多いのが鳥類などの捕食者（鳥類はくちばしで繭をつついて繭の蓋を開き、その穴からくちばしで前蛹をほじくり出す）であるため、古川氏は室内で実験を行った。調査の結果、イラガは、営繭場所で繭の色彩を変えるが、これは外敵からの防御で、枝先では縞模様繭が見つかりにくく、幹上では不明瞭な模様の繭が見つかりにくいのではないかと結論づけた（Furukawa et al. 2017）。イラムシの個体が捕食者からの食害を回避できるように営繭場所を判断して繭の色彩を決めているらしいという。

では、イラガはどうように繭に色を付けているのであうか？

繭の縞模様の絵は左官職人であるイラムシ自身が描き上げる。まず老熟幼虫になると他のイモムシ、ケムシたちと同様に口から絹糸を出して繭をつくり始める。繭の形がある程度できた段階で次のような左官職人の巧みな技を発揮するのだ（石井 １９８４）・（石井ら １９８４）。

１ 絹糸を吐いて繭の骨組みを形成する。
２ 肛門からは白色塗料の泥状液（シュウ酸カルシウムなど）、口からは淡褐色粘土の粘質液（タンパク質）を吐き出して、白色塗料と淡褐色粘土を混ぜ合わせて繭内で左官工事をして繭にコーティングして固める。
３ 通常の左官工事の道具は「こて」であるが、彼女たちは自分の「腹」を「こて」替わりに使う。繭の中で、前進しながら「腹こて」（腹面、とくに体の前半）で繭の内壁を圧して、肛門からの白色泥状液と口からの淡褐色粘質液とを混ぜ合わせて繭の内壁に塗り込んで卵形の繭を形成していく。

4 繭内で動き回る際にイラムシの肉質突起（写真42）が通る部分は繭内表面には塗料の白色泥状液が付着せずに粘土の粘質淡褐色液だけの褐色、通らない部分は白色になるため、繭色は白色と褐色の縞模様になる（写真45A）。

5 肛門から排出される液はマルピギー氏管の分泌物（シュウ酸カルシウム等）で、空気中で速やかに凝固する。口から吐出される粘質液にはタンパク質が含まれている。繭は4、5層が重ね合わされた絹糸からできており、繭の硬さは科学的には硬化されたタンパク質が主な要因で、それが絹糸の網目にきっちりと詰まっているためである（石井ら　1984）。

このように二つと同じ模様がないイラガの繭づくりは芸術家の仕事でもあるが、個体が営繭場所を判断して繭の色付けしているとは…、イラムシってなんと賢い昆虫なのであろう。

さらに、もしイラガの繭からガでなくハチがでてきたら皆さんはびっくりするだろう。このハチはイラガの幼虫などに寄生する寄生蜂だ。このイラガの寄生バチの生態もまた巧妙である。この本虫はハチ類で「青蜂《せいぼう》」と書く。イラガイツツバセイボウ（外来種）は体長が1㎜前後のブルーからグリーンのエメラルド色に輝く金属色のとにかく美しい寄生蜂である。寄生蜂としては大型で、腹端に五つのギザギザがあるのが特徴である（写真47）。

イラガイツツバセイボウの♀成虫は歯［大あご（大腮）］で硬い繭を噛み砕いて小さな丸い穴

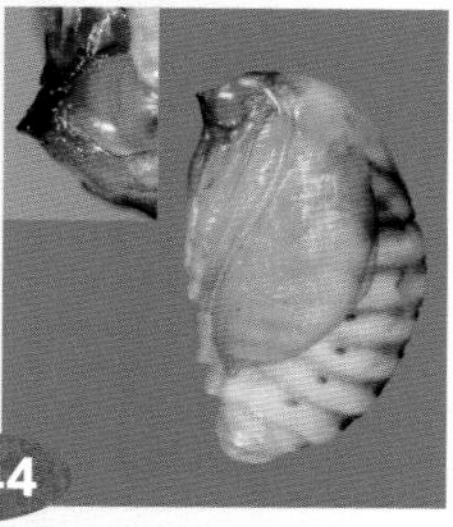

写真44 イラガの蛹（顔面の斧状突起）

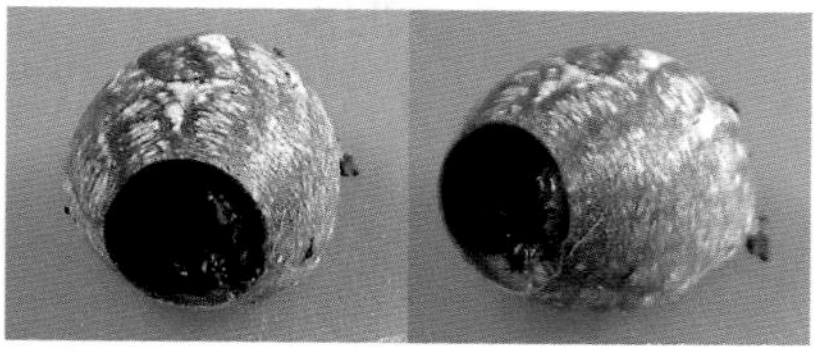

写真43 イラガの繭（円盤上の蓋が外れた状態）

縞模様型　非縞模様（淡褐色）型　非縞模様（褐色）型

写真45 イラガの繭

写真46 イラガの繭内の前蛹

をあけ、その穴に産卵管を繭の中に挿入してイラガの前蛹（蛹になるまでのステージ）（写真46）などに産卵する。前蛹などの体の中で孵化したセイボウの幼虫はイラガの繭中で前蛹または蛹に寄生して育ち、蛹化する。繭の中で羽化した成虫は歯（大腮《たいさい》）で硬いイラガ繭の横などに10㎜前後の粗雑な穴をあけて繭から脱出する（写真48）。

写真47 イラガイツツバセイボウの成虫

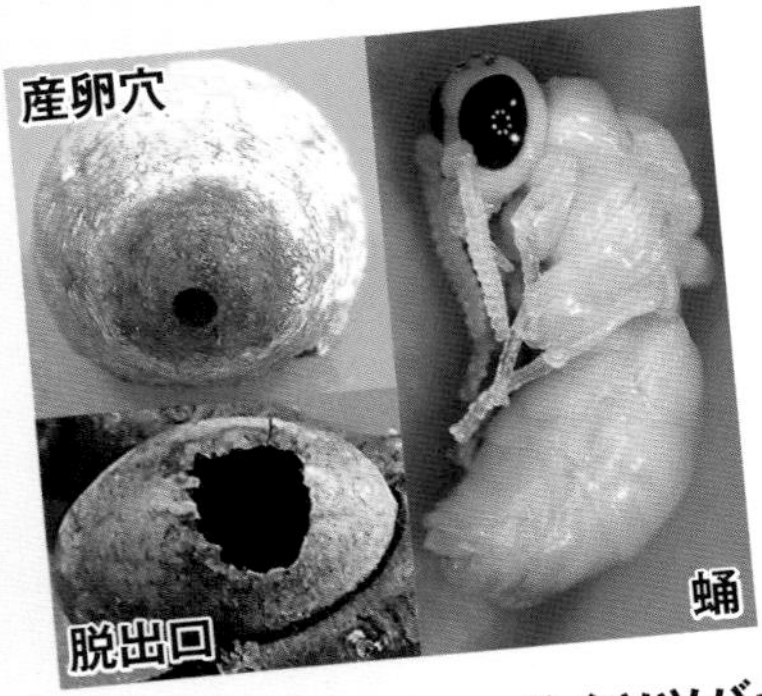

写真48 イラガの繭のイラガイツツバセイボウの産卵穴と成虫の脱出口と蛹

写真49 アメリカシロヒトリの成虫

アメリカからきたびわ湖の森のギャング　―アメリカシロヒトリ―

アメリカシロヒトリはヒトリガ科に属し、メキシコ以北の北アメリカに広く分布するガ類で、和名のとおり、アメリカから日本に侵入した外来種のケムシである（写真49・51）。ケムシは毒々しいが毒はない。第二次世界大戦後、アメリカ軍の軍需物資に付いて侵入したとされている。第二次世界大戦が終戦した1945年（昭和20年）に東京大田区で発見されたのを最初に、全国に広がった大食漢のカキノキなどの大害虫である（写真50）。

本種は、カキノキ（カキノキ科）の他、サクラ・ウメ・バラ・リンゴ（バラ科）、コナラ（ブナ科）、トウカエデ（ムクロジ科）、ヤナギ・ヤマナラシ（ヤナギ科）、クルミ（クルミ科）、クワ（クワ科）、スズカケノキ（スズカケノキ科）、ハナミズキ・ミズキ（ミズキ科）、モミジガフウ（フウ科）、アカメガシワ（ドウダイグサ科）、ツゲ（ツゲ科）、チャノキ（ツバキ科）、ダイズ・クズ（マメ科）など百数十種の植物の葉を食べる多食性のケムシである。

1頭当たりの産卵数は800～1200個と極めて多く、産卵後1週間くらいで孵化する。中齢までのケムシは白色の巣網を張り、葉の形を残して葉肉だけを食する特徴があり、被害樹を見ると彼女たちによる仕業であることがすぐに分かる（写真50）。若齢幼虫が葉の表皮を摂食した（写真51A）後、中齢幼虫までは葉を寄せ集めて枝先などに白い網状の巣を張ってその中で集団生活し（写真51B）、4齢になると個々に分散する。

1（2）～3齢では網巣の内部に潜んで生息するため外敵から守られてほとんど個体数が減らないが、単独行動を始めるとハチ類や鳥類などの天敵に狙われるようになり、この時期までに98〜99・9％が死亡する。鳥やアシナガバチなどの捕食者やケムシの中に寄生する寄生バチ、寄生バエやウイルス、細菌（バクテリア）、糸状菌（カビ）などによる感染死亡する個体も多く（写真52）、1000頭中で1〜20頭程度だけが生き残るとされているr戦略の繁殖方法をとる。生物の生存変遷には、3パターンに分けられるが、アメリカシロヒトリは幼虫期の後半に一気に生存個体数が減少するI型に属する（図7）。

びわ湖の森では、以前は年2回の発生だったが、近年は温暖化の影響で年3回の発生になっている。彼女たちの越冬は樹幹の割れ目や樹皮の隙間や物陰、樹木周辺の隙間などに集まって蛹で冬越しをする。

ケムシたちは1化目が6月上旬〜7月、2化目が7月下旬〜9月上旬、そして3化目が9月下旬〜10月に発生する。2化目のケムシは時に大発生するが、2017年の夏季には滋賀県内で多種の樹種で大発生し、8月にカキノキ、サクラなどあらゆる樹木が丸坊主になった。葉がなくなった食樹上では、ケムシたちが食べ物を求めて近隣の樹木に移動して再加害してギャングのように暴れまくる。

モンクロシャチホコの場合と違うのは、本種の食性がかなり広いことだ。モンクロではサクラが丸坊主になると近隣のサクラなどしか移れないが、本種ではほとんどの近隣の樹木で食事が賄えるので、餓死する確率は低くなる。また、2種が同年に大発生した場合、本種の2化目のケムシは、モンクロよりも早く発生するので、同じサクラの土俵上では本種のほうが先に葉を食い尽くすことができるので、生き残り戦略上では有利になる。

写真50 網状の巣を張ってカキノキを暴食するアメリカシロヒトリ

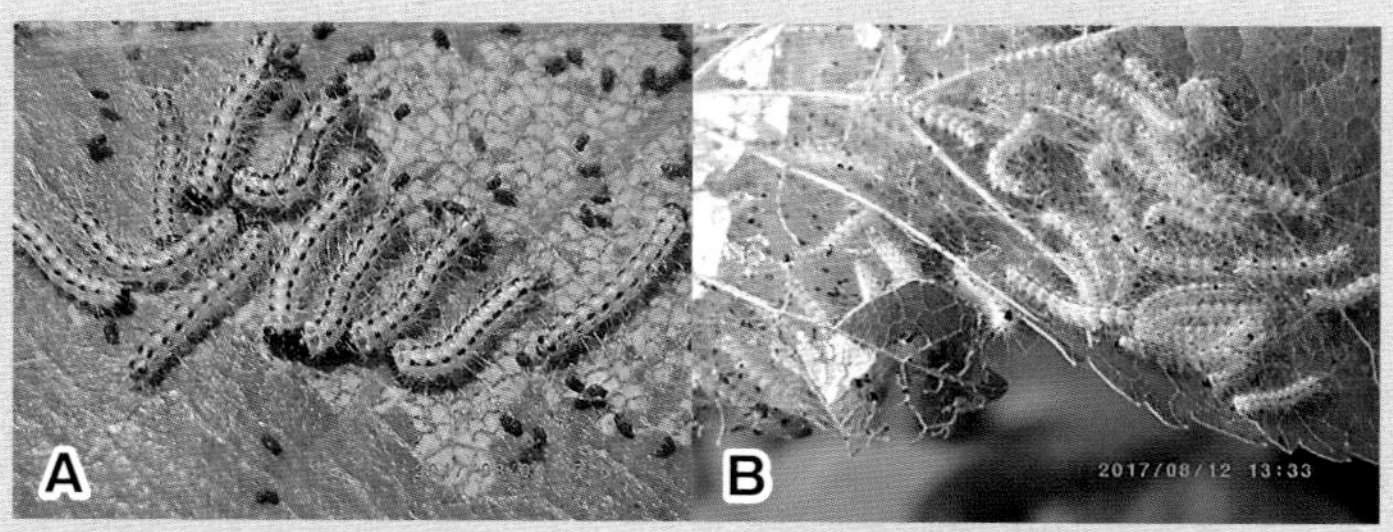

写真51 摂食するアメリカシロヒトリの幼虫（A：若齢、B：中齢）

写真52 病原菌（おそらくウイルス病）に感染して死亡したアメリカシロヒトリの幼虫

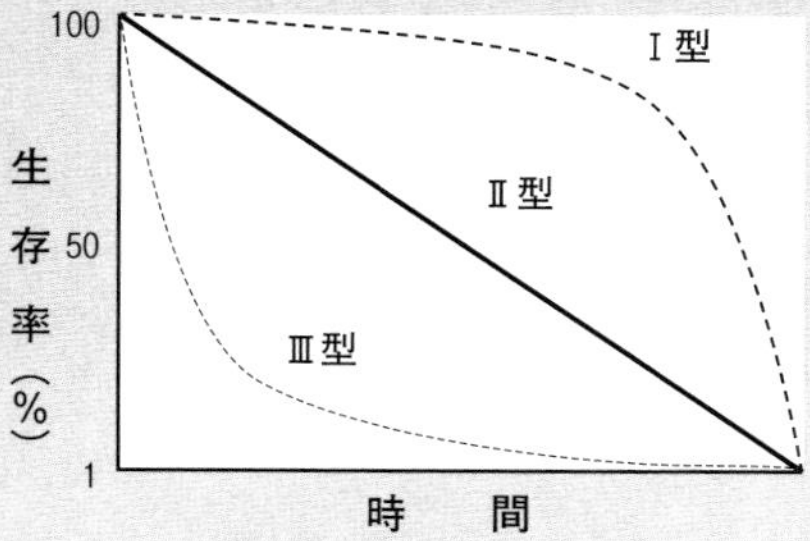

図7 生物の生存曲線

第3章　平坦地の畑・田んぼなどのイモムシ・ケムシたち

これまでびわ湖の森の樹木につくイモムシ、ケムシたちを紹介してきた。ここでは森の周辺や平坦地にある畑・田んぼなどにいる草本類を食べる害虫のイモムシ、ケムシたちを紹介しよう（写真53A・B）。

これらのイモムシ、ケムシたちは、一般的に害虫として取り扱われている。読者が利用しやすいように野菜・作物の主要害虫（イモムシ・ケムシ16種）の写真（写真54・55・56）とそれら害虫種と加害作物との関係を表としてまとめた（表2）。

1　野菜の害虫としてのイモムシ、ケムシたち

野菜・作物別の害虫種

1　アブラナ科野菜（キャベツ・ハクサイなど）：ヨトウガ・ハスモンヨトウ・カブラヤガ・オオタバコガの大型多食性（植物2科以上を食う）害虫が挙げられる。チョウ類ではモンシロチョウ（アオムシ）が大害虫となる。

2　ナス科野菜（ナス・ピーマンなど）：ヨトウガ・ハスモンヨトウ・カブラヤガ・オオタバコガの大型多食性害虫が挙げられる。

3　ウリ科野菜（キュウリ・スイカ・ニガウリなど）：ヨトウガ・カブラヤガ・オオタバコガの大型多食性害虫とワタヘリクロノメイガの小型寡食性（植物科内を食う）害虫が挙げられる。
4　キク科野菜（レタス・ゴボウなど）：ヨトウガ・オオタバコガの大型多食性害虫が挙げられる。
5　セリ科野菜（ニンジン・セリなど）：ヨトウガ・ハスモンヨトウ・カブラヤガ・オオタバコガの大型多食性害虫が挙げられる。チョウ類ではキアゲハが大害虫となる。
6　シソ科野菜（シソ・ハーブ類など）：ハスモンヨトウの大型多食性害虫やベニフキノメイガの小型寡食性害虫が挙げられる。
7　アオイ科野菜（オクラなど）：カブラヤガ・オオタバコガの大型多食性害虫、大型のフタトガリアオイガとワタノメイガの小型の寡食性害虫、ワタヘリクロノメイガの小型多食性害虫が挙げられる。
8　マメ科野菜・作物（ダイズ・エンドウなど）：ヨトウガ・カグラヤガの大型多食性害虫が挙げられる。
9　アカザ科野菜（ホウレンソウ・テンサイなど）：ヨトウガ・カブラヤガの大型多食性害虫が挙げられる。
10　ヒガンバナ科野菜（タマネギ・ネギなど）：ヨトウガ・ハスモンヨトウ・カブラヤガ・オオタバコガの大型多食性害虫が挙げられる。
11　バラ科野菜（イチゴなど）：ヨトウガ・ハスモンヨトウ・カブラヤガの大型多食性害虫が挙げられる。

写真53-A
畑（野菜）

写真53-B
水田（水稲）

ヨトウガ（30mm）
キャベツ・ハクサイなど

ハスモンヨトウ（33mm）
キャベツ・ダイズなど

カブラヤガ（35mm）
キャベツ・カブなど

オオタバコガ（28mm）
キャベツ・ピーマン・トマトなど果実も

写真54 野菜の主要害虫

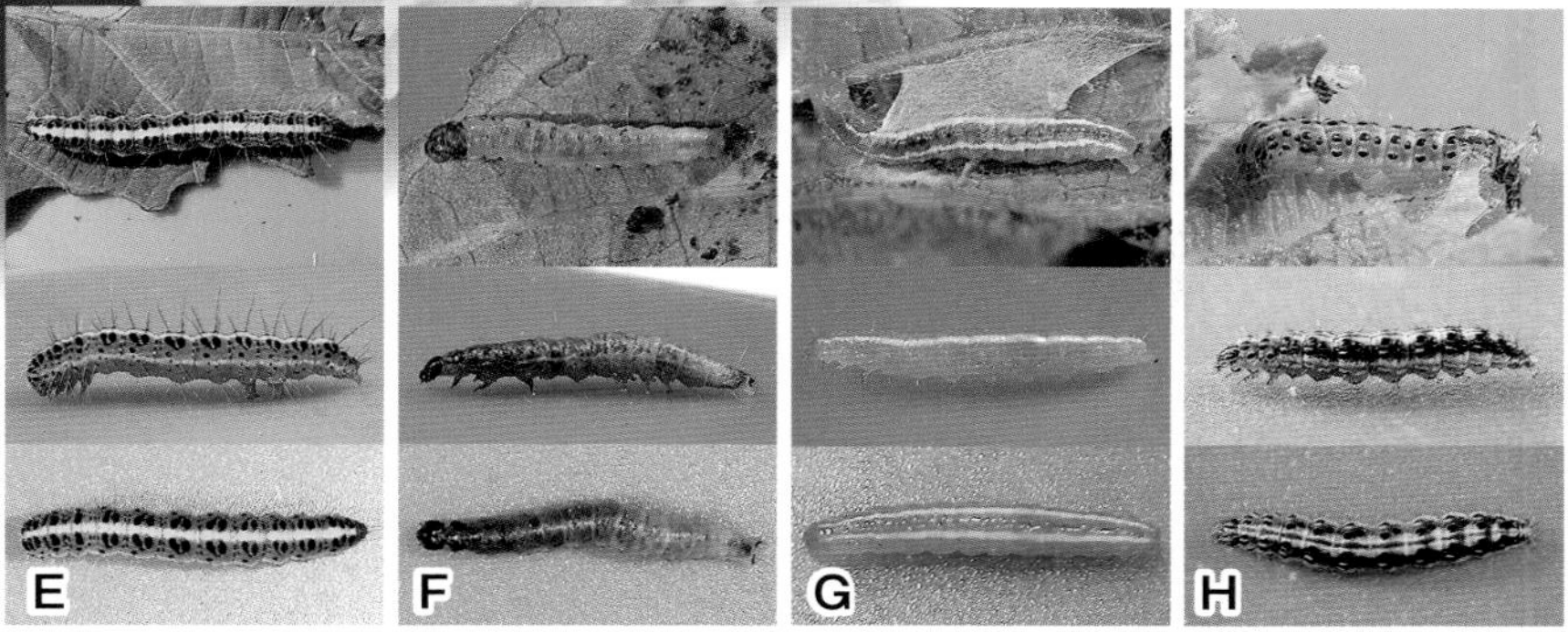

フタトガリアオイガ (33㎜)
オクラ

ワタノメイガ (23㎜)
オクラなど

ワタヘリクロノメイガ
(20㎜) キュウリ・ニガウリなど果実も

ベニフキノメイガ (16㎜)
シソ

写真55 野菜の主要害虫

イモキバガ (10㎜)
サツマイモ

アワノメイガ (22㎜)
トウモロコシ

ニガメイガ (17㎜)
イネ

ノシメマダラメイガ(8㎜)
玄米

写真56 作物の主要害虫

表2 野菜·水稲害虫(イモムシ·ケムシ)と加害野菜と作物

	科名	作物名	ヨトウガ(A)	ハスモンヨトウ(B)	カブラヤガ(C)	オオタバコガ(D)	フタトガリアオイガ(E)	ワタノメイガ(F)	ワタヘリクロノメイガ(G)	ベニフキノメイガ(H)	イモキバガ(I)	アワノメイガ(J)	ニガメイガ(K)	ノシメマダラメイガ(L)
野菜	アブラナ科	キャベツ	●	●	●	●								
		ブロッコリー	●	●	●	●								
		ハクサイ	●	●	●	●								
		ダイコン	●	●	●	●								
		カブ			●									
		コマツナ	●											
	ナス科	ナス	●	●	●	●								
		ピーマン	●	●		●								
		シシトウ	●			●								
		トマト	●	●	●	●								
		ジャガイモ	●		●									
		タバコ	●	●	●	●								
	ウリ科	キユウリ	●			●			●					
		スイカ				●								
		メロン				●								
		ウリ類			●									
		ニガウリ							●					
	キク科	レタス	●			●								
		ゴボウ	●											
	セリ科	ニンジン	●	●		●								
		セリ			●									
	シソ科	シソ		●						●				
		ハーブ類								●				
	アオイ科	オクラ			●	●	●	●	●					
	マメ科	ダイズ			●									
		エンドウ	●		●									
	アカザ科	ホウレンソウ	●											
		テンサイ	●		●									
	ヒガンバナ科	タマネギ			●									
		ネギ	●	●		●								
	バラ科	イチゴ	●	●	●									
作物	タデ科	ソバ			●									
	ヒルガオ科	サツマイモ			●						●			
	サトイモ科	サトイモ		●	●									
	ヤマノイモ科	ヤマノイモ		●										
	ショウガ科	ショウガ			●							●		
	イネ科	トウモロコシ			●	●						●		
		コムギ科(※穀物)												●※
		イネ科(※穀物)			●								●	●※

2 作物の害虫としてのイモムシ、ケムシたち

1 タデ科作物（ソバなど）：カブラヤガの大型多食性害虫が挙げられる。

2 ヒルガオ科作物（サツマイモなど）：カブラヤガの大型多食性害虫やイモキバガの小型寡食性害虫が挙げられる。

3 サトイモ科作物（サトイモなど）：ハスモンヨトウ・カブラヤガの大型多食性害虫が挙げられる。

4 ヤマノイモ科作物（ヤマノイモなど）：ハスモンヨトウの大型多食性害虫が挙げられる。

5 ショウガ科作物（ショウガなど）：カブラヤガの大型多食性害虫やアワノメイガの小型多食性害虫が挙げられる。

6 イネ科作物（トウモロコシ・イネ・コムギなど）：カブラヤガ・オオタバコガの大型多食性害虫、アワノメイガの小型多食性害虫、ニカメイガの小型寡食性害虫とノシメマダラメイガの小型穀物害虫が挙げられる。

害虫別の生態

A ヨトウガ：野菜の大害虫である。1～3齢幼虫は群がって集団で加害する。被害葉は1～2齢では食害部だけ表皮を残し白色のかすり状、3齢では表皮を残さずに不規則な穴をあけて網目状に加害する。さらに成長すると主脈だけを残して暴食する。5齢までは葉上で加害するが、6齢になると昼間は地際の土中やキャベツの結球内に潜入、夜間に現れて食

B　ハスモンヨトウ：野菜、ダイズなどの豆類、花き、果樹など広範囲にわたる大害虫である。ふ化幼虫は集団で葉肉を食害するため、表皮のみが残る。中齢幼虫以降の被害は、葉縁から葉脈や葉柄を残して暴食する。老齢幼虫になると果実の中に食入したりする。幼虫の体色は変化に富んでいる（写真54B）。

C　カブラヤガ：野菜・作物の全般の大害虫である。日中は土中で休み、夜間に出てきて加害する。野生苗などの基部をかみ切って倒すのでネキリムシとも言われている。畑をスコップで掘ると蛹が出てくることがあるが、ほとんどが本虫の蛹である（写真54C）。

D　オオタバコガ：野菜、花卉類の大害虫である。葉を食べたり、果実、花蕾に潜ったりして加害する（写真54D）。

E　フタトガリアオイガ：オクラの葉を加害する害虫で、大型の色彩が豊かなケムシである（写真55E）。

F　ワタノメイガ：オクラなどの葉を絹糸で綴り、葉を巻いたり、折りたたんだりして、その中で加害する害虫である（写真55F）。

G　ワタヘリクロノメイガ：キユウリ、ニガウリ、メロンなどウリ科の葉や果実の表面や果中を加害する。オクラ、ワタなどアオイ科も食害する（写真55G）。

H　ベニフキノメイガ：シソ、ハーブなどのシソ科の葉を絹糸で綴り、折りたたんだりして、その中で加害する（写真54H）。

Ｉイモキバガ：サツマイモの葉を絹糸で綴り、折りたたんだりして、その中で加害する（写真56Ｉ）。

Ｊアワノメイガ：トウモロコシ、ショウガの害虫で、トウモロコシでは最初に雄花、次に雌花や茎中に移り、皮下で実を、ショウガでは茎に穿孔して食害する（写真56Ｊ）。

Ｋニガメイガ：イネの害虫で茎に穿孔して食害し、稲穂が枯れる（写真56Ｋ）。

Ｌノシメマダラメイガ：米、小麦粉、菓子などの貯穀害虫で、ノシメコクガとも呼ばれる（写真56Ｌ）。

第4章　多様な生態をもつイモムシ、ケムシたち

第1～3章は、びわ湖の森の河川の源流～中流、下流付近の中山間地や平坦地の樹木や野菜・作物につくイモムシ、ケムシたちを紹介した。本章では、その中でも特に巧妙で多様な生態をもつイモムシ、ケムシたちを紹介する。

1　成虫が踊り、イモムシが宇宙ステーションをつくる！
――オドリハマキモドキ――

オドリハマキモドキの小さなイモムシは、クヌギ、アベマキ、コナラなどナラ類（ブナ科落葉性コナラ属）やアカガシ、シラカシ、イチイガシなどカシ類（常緑性ブナ科）の葉を食う。

ハマキモドキガ科に属する本種の成虫は種名が示すとおり、触角を動かしながら前翅を盾のごとく立て、後翅を横に広げて、くるくると回ったり、静止したりを繰り返して華麗にダンスを踊る。また、本種はダンスの途中で猫の顔ふきのように前脚で器用に触角を掃除するくらいきれい好きだ（図8）。そして本種は前翅、後翅ともに黒褐色の太・細の横縞を並べ、翅縁付近には黒色の円形紋にはコバルトブルーの輝斑を有する美麗種である（写真57）。

ダンスを踊るガだけでもユニークな生態だが、本種の幼虫はわずか5㎜程度の真珠色のイモ

ムシ（写真57）で、その小さなイモムシが巧妙な工事をして宇宙ステーション（シェルター）を建築し、最後にはそこから宇宙に脱出してスター型の白い大きな繭をつくるのだ（図9・写真58）。

まず、小さなイモムシは葉の中央付近の主脈横に小さな丸い孔（抜け孔）を開ける。次に、小孔脇に絹糸で綴りつくられたテント支柱を立て、その支柱を支えとして絹糸でほぼ円形の大きなテント状の幕巣を張り、その中で葉裏表面の葉肉を食する。また排泄された糞も無駄にせず幕巣に糞を付着させて補強する。葉表の工事は、葉裏のテント柱と反対側の小孔脇にフォーク状の先が2分した扉をつくり、何とその小孔から扉を開けて野外に移動できるようになっているのだ（図9）。

万が一テント内のエサが不足すると、表に出て葉表の表面の葉肉を食べる。したがって、ステーションの骨組みは破壊せずに内部で葉の表皮を摂食するため、外敵からは守られる。人為的にピンセットでテントの一部を破ってみると、イモムシは大慌てになり、急いでテントの補修と補強を行う。頭部（吐糸口）からどんどん絹糸を出してテントの補修を行うのだが、「小さな体のどこに絹糸のもとが入っているの？」と彼女に尋ねてみたいほど、その膨大な吐糸量には驚かされるばかりである。

幼虫が老熟すると、幕巣から離れて、近くの葉上にスター型で山脈のような皺がある白色の繭を大きな形成する。繭は二層に分かれていて、外繭には山脈型の皺があり、内繭は薄いチューブ型の繭で構成されている（写真58）。

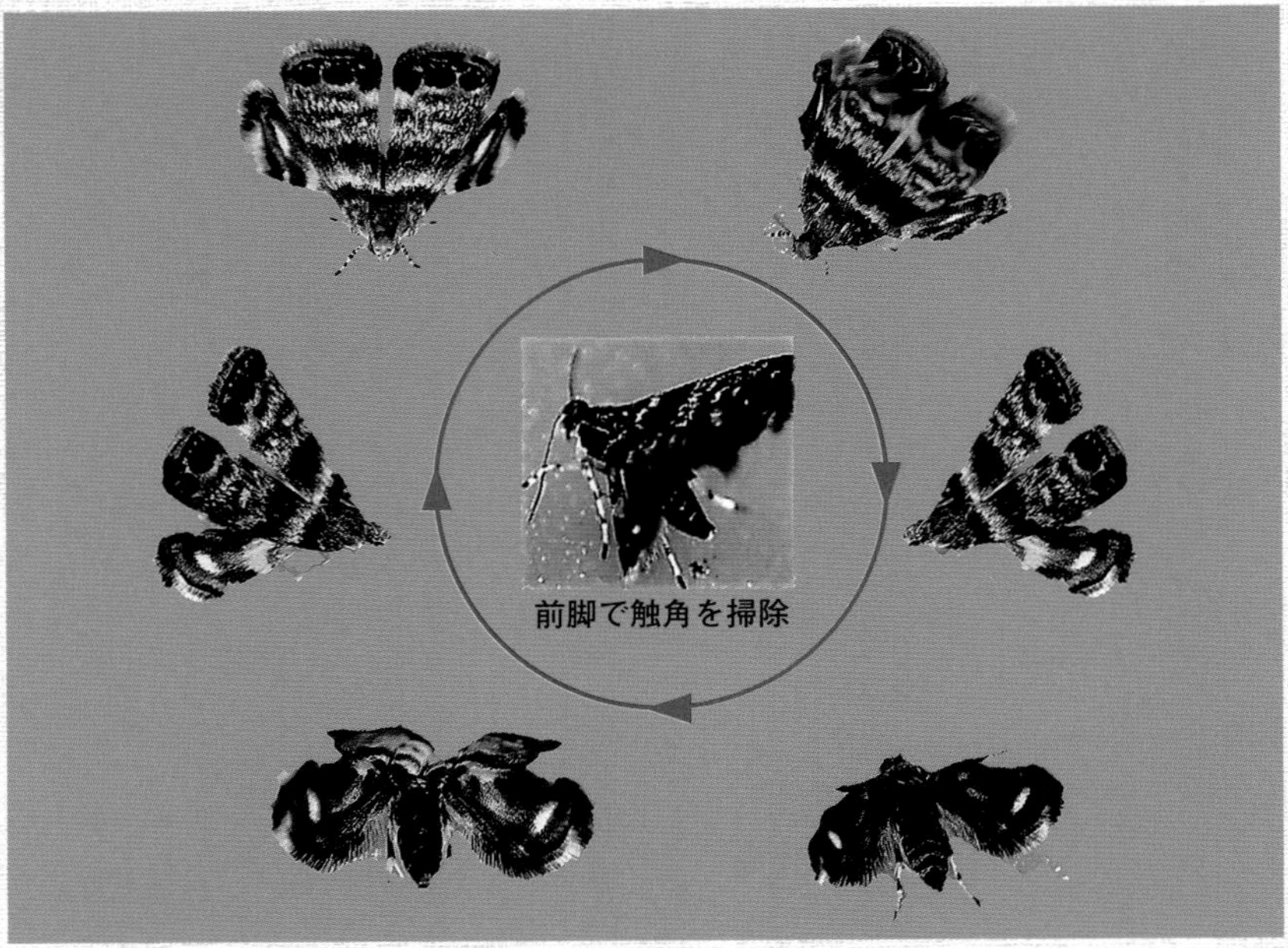

図8 翅を立ててくるくる回ってダンスを踊るオドリハマキモドキの成虫

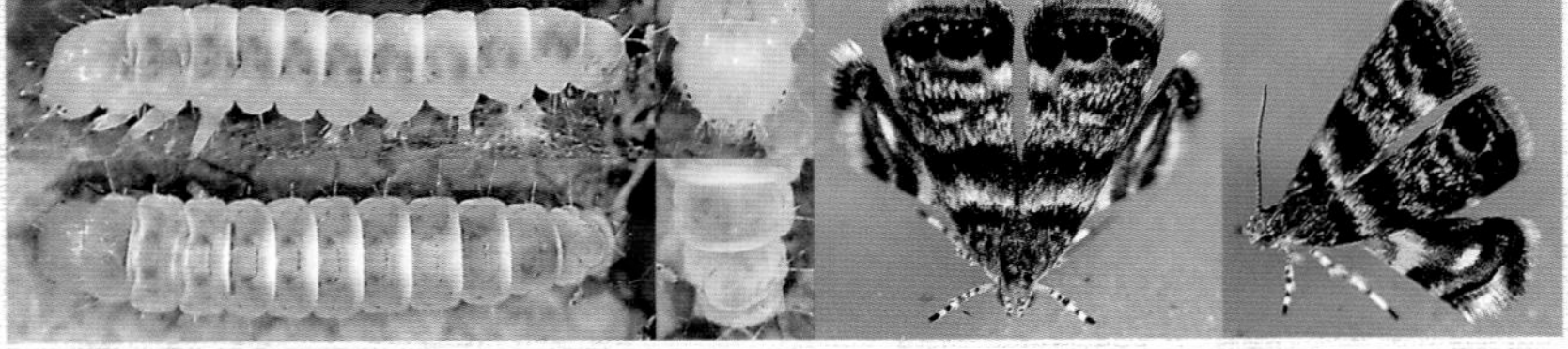

写真57 オドリハマキモドキの終齢幼虫（5㎜）と成虫

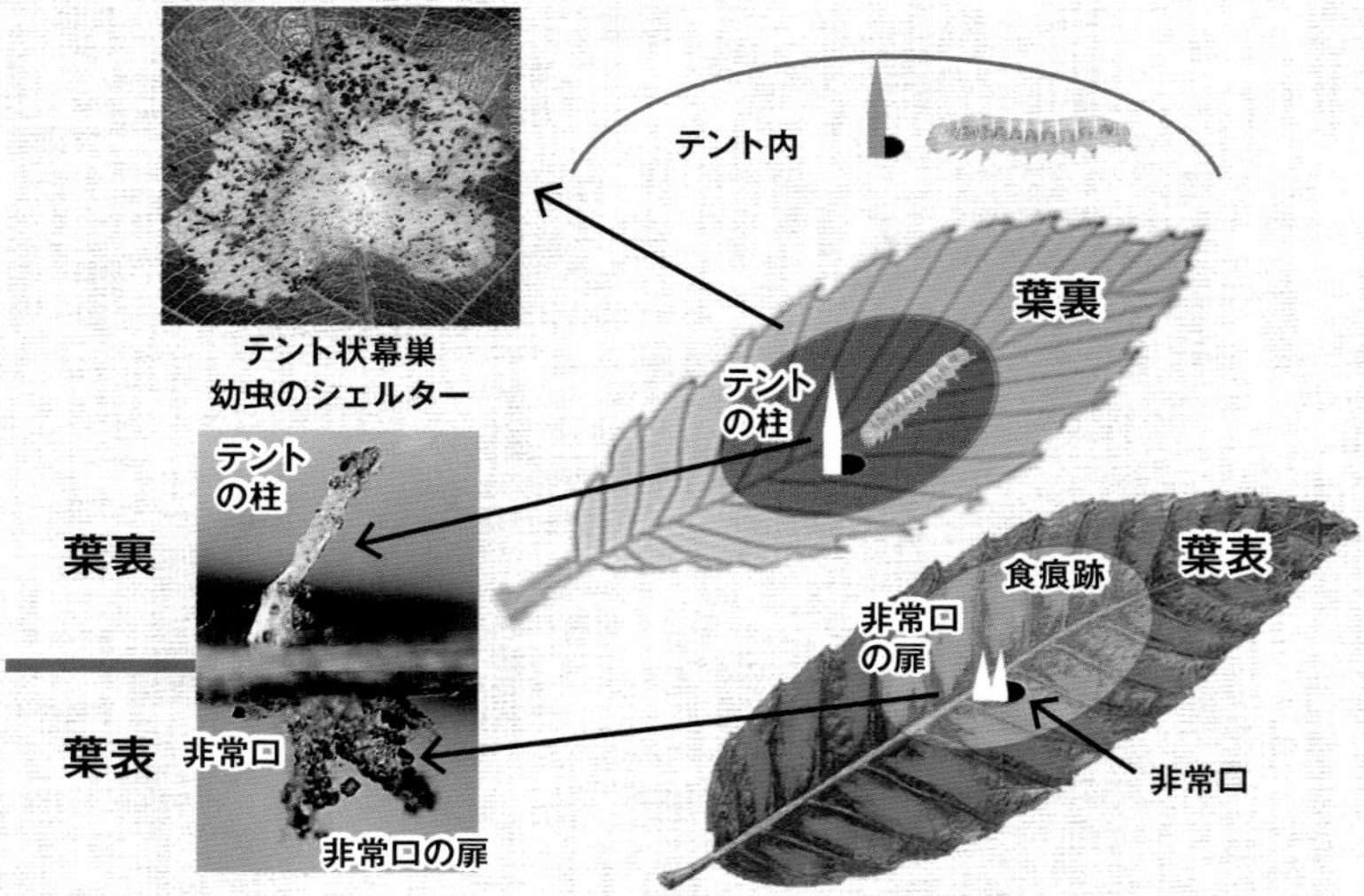

図9 オドリハマキモドキの小さな幼虫が建設した広大な宇宙ステーション

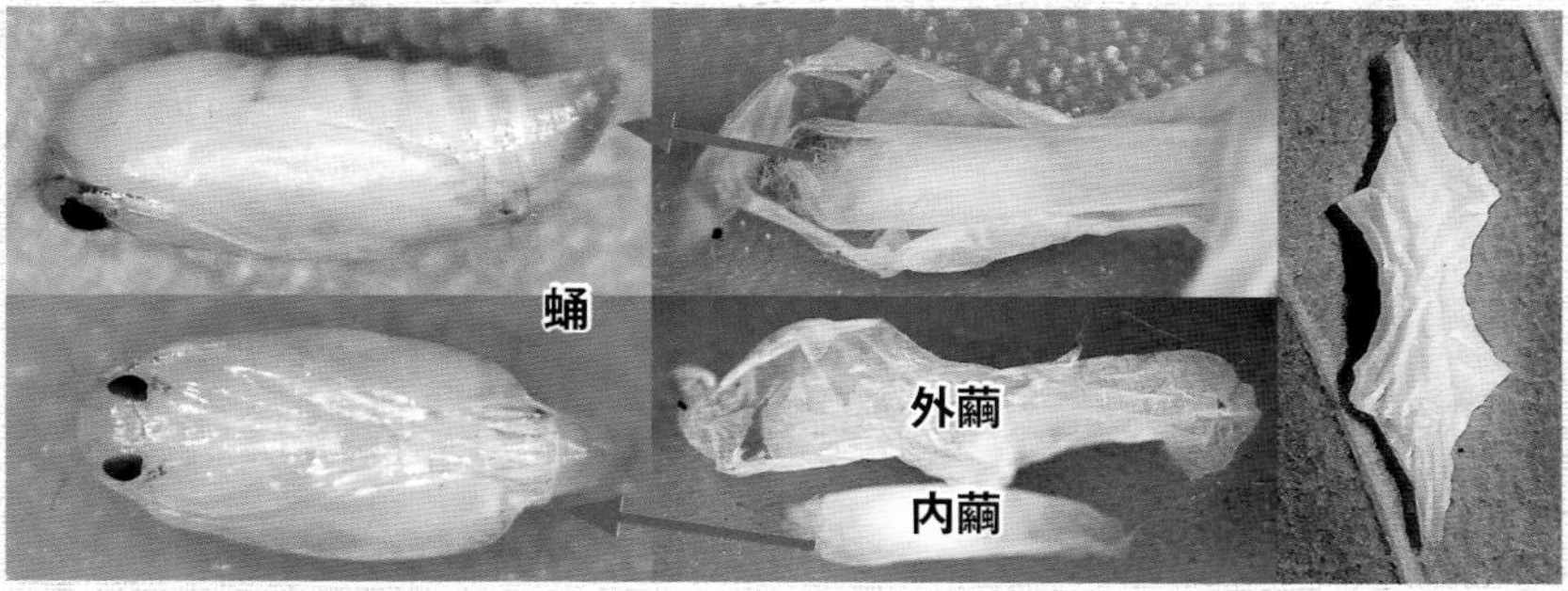

写真58 オドリハマキモドキのスター型の繭(構造)と蛹

この一級建築士である小さなイモムシ1頭だけで、扉つきの宇宙への脱出口がある大きな宇宙ステーションを巧妙に建設し、ある時はステーション内で暮らし、またある時は脱出口の扉を開けて宇宙空間へ飛び出して遊泳して、再びステーション内に帰る。さらに、最後には脱出口から脱出して宇宙ステーションを離れ、宇宙空間に大きな星（スター型の繭）をつくるのである。

このイモムシはどのような歴史的経過を経てこうような巧妙な遺伝的プログラムが形成されたのか？　すべて幼虫が脱出口の葉裏にテント柱と、葉表には脱出する扉もついた同じ宇宙ステーションを間違いなく設計図どおりに建築するのだ。1頭の微小体で大きなシェルターと大きな2重構造の繭をつくる繭糸腺はどうなっているのか？　彼女たちの生態を観察していると様々な疑問がわき出てくる。大阪工業大学との共同研究でこの疑問の解明を始めかけている（寺本・棚橋　２０２０、寺本　２０２０）。

2 脱皮頭殻を積み重ねてタワーをつくるケムシ　―リンゴコブガ―

リンゴコブガはコブガ科に属する。ケムシは刺毛が柔らかで長く（写真59）、クヌギ、アベマキ、コナラなどナラ類（ブナ科落葉性コナラ属）やサクラ、リンゴなどのバラ科の葉を食う。

本種のケムシは、驚くことに脱皮するごとに脱皮した頭殻を順番に付着させて積み重ねてタワーをつくる奇妙な生態をもつ（写真59）。普通のイモムシ、ケムシたちは、脱皮すると脱皮殻は捨て去るか食べるのだが、彼女らはレンガを積み重ねるように脱皮するごとに頭殻を丁寧に一つずつ積み重ねるのだ！頭殻を積み重ねたタワーの先端にあるのは1齢幼虫が脱皮した頭殻なので最も小さく、タワーの基礎に近いほど脱皮頭殻のサイズが大きくなる（図10）。

ケムシが脱皮の忙しい時、また脱皮直後で胴部が柔らかく外敵から襲われやすいときに、どのようにして頭殻をタワーの下に組み入れていくのかは観察できていない。さらに、どういう成分で頭殻を付着させているのかも分からない。また接着剤をどこから出しているか、脱皮した直後に胸脚をうまく使ってくっ付けているいのかも分からないのである。

次にタワー建設の目的であるが、タワー全体は弓上に後方にそり曲がるが、そのそり曲がりが接着したてによる重力の物理的な要因なのか、彼女らの意図で曲げられたのかも不明である。彼女らは無防備な葉の上で摂食するので、タワー建設の目的は外敵への威嚇？実験でタワーもちの幼虫の生存率が高くなればこの仮説は正解になる。

女性としては事実年齢を隠したいはずなのだが、脱皮ごとに一つずつ積み重ねた頭殻タワーなので、頭殻の数を数えるとそのケムシが何齢か分かってしまう。写真で示した本種のケムシの齢数は脱皮した頭殻が7個なので8齢幼虫（図10）、そして3個の場合は4齢幼虫（写真60）となる。あらら、彼女の年齢がばれてしまった！

何のメリットがあり（必ずメリットがあって淘汰されて種として生き残っているはずである）、そのような習性がなぜ身についたのかは分からないが、この芸術作品も見事な出来栄えであることは間違いない。

図10 **頭部の脱皮殻を順序良く積み重ねてタワーをつくるリンゴコブガの８齢幼虫**（12㎜）

写真60 **リンゴコブガの４齢幼虫（５㎜）**

3 自分で虫かごをつくるイモムシ ―ゴマダラノコメキバガ―

ゴマダラノコメキバガのイモムシは、クヌギ、アベマキ、コナラ、カシワなどナラ類（ブナ科落葉性コナラ属）やサクラ類（バラ科）の葉を食う（寺本 1996）で記載の *Hypatima* sp.1 は本種のことである）。本種はキバガ科に属し、イモムシは9㎜程度の美しい真珠色の小さなイモムシである（写真61）。

幼虫は、孵化から蛹化までの期間にナラ類などの1枚の成熟した硬い葉を材料として、片側だけの葉縁を切り込んだり、折り曲げたり、穴を開けたりして、第1シェルターと第2シェルター、そして虫かご状の第3シェルターと、常に見事な同じ芸術作品をつくり上げる（図11）。彼女たちの工作工程は観察できていないが次のように推察される。

①必ず3つのシェルター（隠れて食べる場所では葉縁を薄く絹糸で綴られている）をつくるので、成熟幼虫が作品を一部の葉を切り落として作製するのではなく、食べながら作製する。

②幼虫は第1・2シェルター内で隠れながら葉を設計図どおりにエサとして摂食して、成長しながら、目的の作品が完成できるように折り紙の葉の形をつくっていく［第1（小）→第2（大）］。

③幼虫の1頭の摂食する部分は1枚の葉の同じ個所で、作品の型紙をつくることをイメージしながら食い進む。

④最後に、動けない蛹を保護するために虫かご状の第3シェルターをつくるが、老熟幼虫が入っ

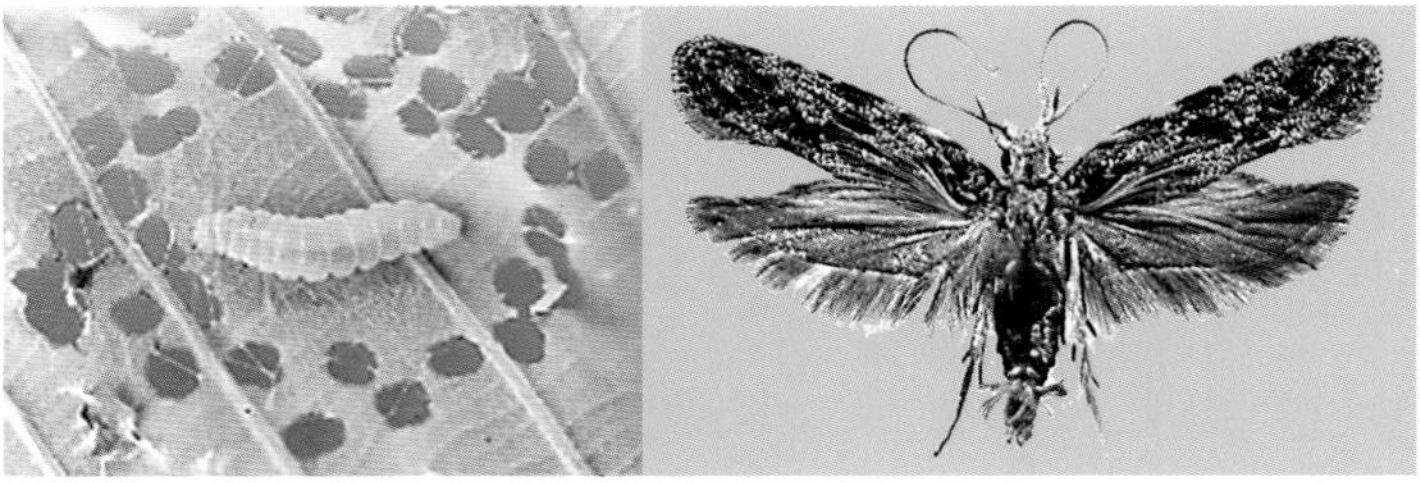

写真61 ゴマダラノコメキバガの終齢幼虫(9㎜)と成虫

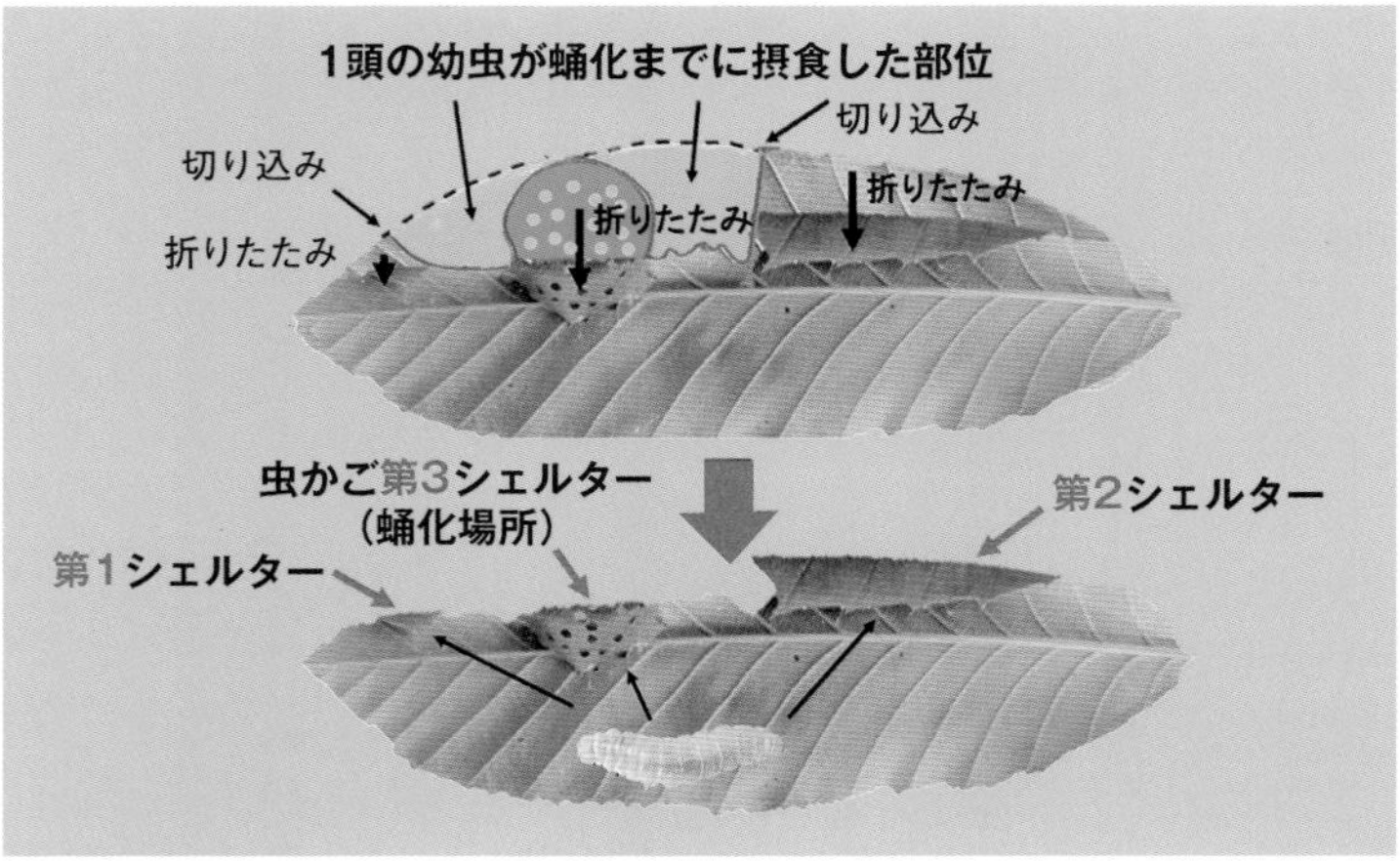

図11 ゴマダラノコメキバガのシェルターのつくり方

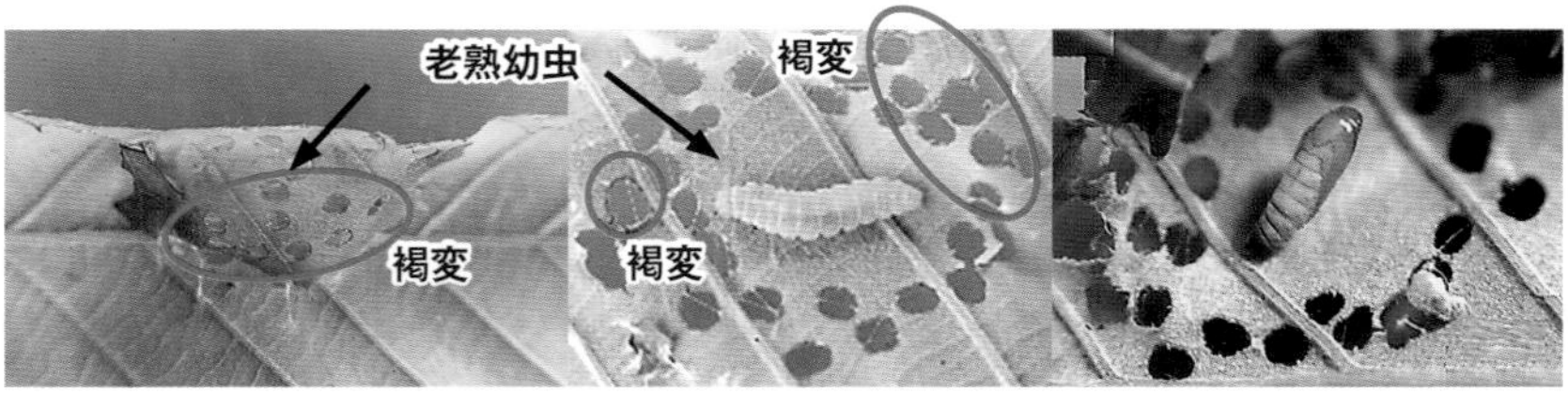

写真62 ゴマダラノコメキバガの虫かごシェルターの中の老熟幼虫と蛹

ている第3シェルターの虫かごのかじった穴の片の部分が少し褐変していることから、虫かごの穴は蛹化直前ではなく、一連の加工作業であけられたものと推測できる。

⑤第3シェルターは老熟幼虫が入って蛹化する場所なので、穴が開いた半円状の葉を切り残して、最終的にこれを降りたたんで葉縁の糊代を絹糸で綴って最終的にがま口財布状の第3シェルターを完成させる。老熟幼虫と蛹が座る場所には穴をあけない特徴がある（写真62）。この小さなイモムシの中にこの一連の作業工程の遺伝的プログラムが組み込まれている。

4 設計図どおりに葉たばこを巻くイモムシ ―マダラマドガ―

マダラマドガはマドガ科に属するガ類である。イモムシは光沢があり、ブナ科に属するクヌギ、アベマキ、コナラなどナラ類（落葉性コナラ属）やカシ類（常緑性コナラ属）の葉を食う（写真63）。

本種のイモムシは葉を材料にして、次に示すような巧妙な工作作業を行って葉巻タバコ状のシェルターを作製する（写真64・図12）。

①設計図どおりに切断して葉巻の型紙をつくっていく。まず、片側の葉縁（A）の真ん中程度の位置からやや葉先側に向かって斜めに切断していく。葉脈の主軸を切断すると、逆の方向の葉柄側にもう片方の葉縁（B）に向かい、くの字の切れ目を入れる（切れ目を最後まで入れると葉を切断することになるので、1／4～1／5程度残してとめる）。これで型紙が完成する。

写真63 マダラマドガの終齢幼虫(15㎜)と成虫

写真64 マダラマドガの葉巻型シェルター

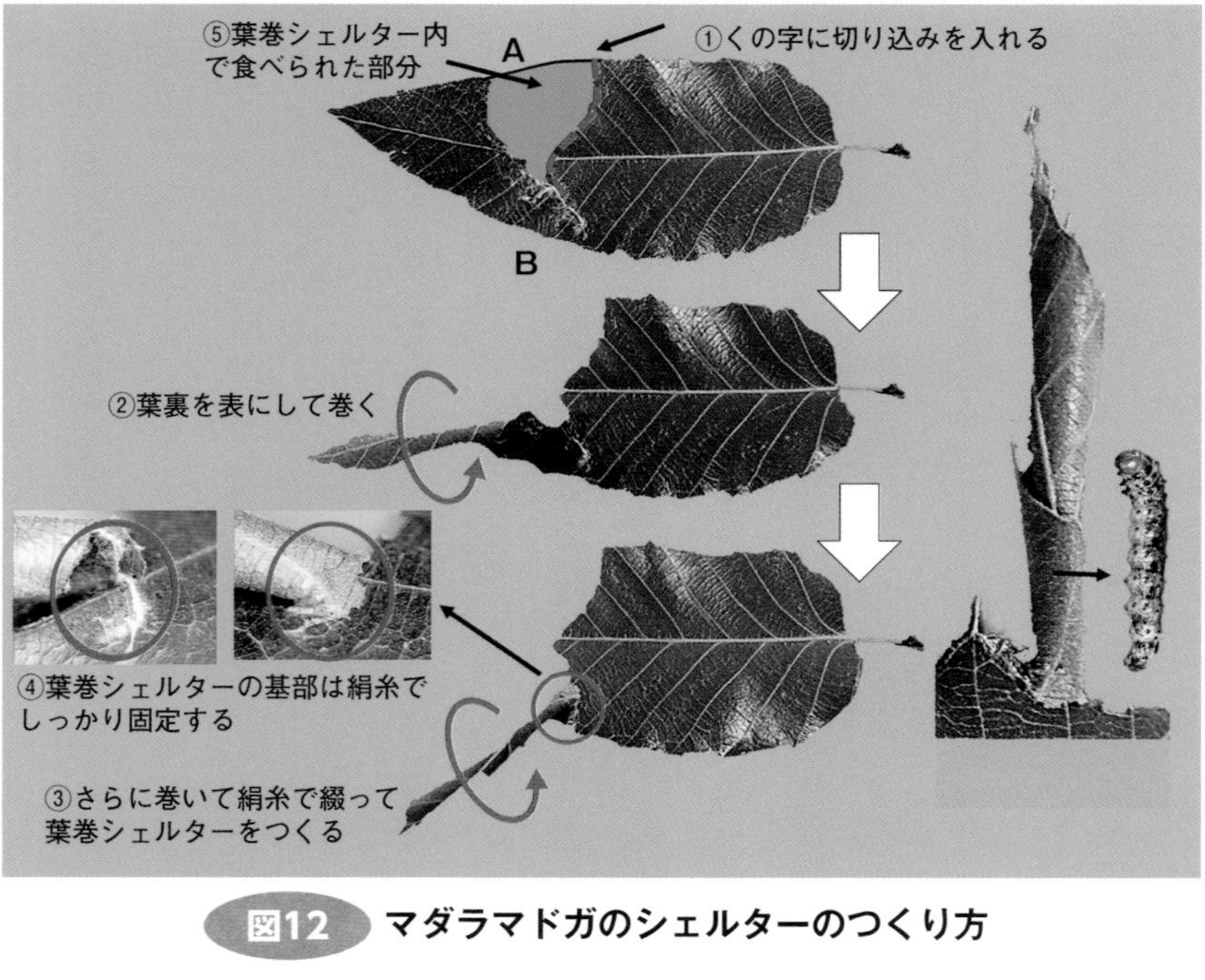

⑤葉巻シェルター内
で食べられた部分
A
①くの字に切り込みを入れる
B
②葉裏を表にして巻く
④葉巻シェルターの基部は絹糸で
しっかり固定する
③さらに巻いて絹糸で綴って
葉巻シェルターをつくる

図12 マダラマドガのシェルターのつくり方

②次に、葉を巻く作業に移る。切ったA側の葉縁から接合部まで絹糸で接着しながら葉裏が外側になるようにしっかり巻き込んで葉巻タバコ状のシェルターをつくる。
③最後に、長いシェルターがちぎれないように、葉巻基部（接合部）は葉と絹糸でしっかり固定する。
④イモムシはその葉巻内に潜んで、外敵から守られながらその中で葉を食べて成長する。
⑤イモムシは蛹化までシェルター内に潜むので、内部は糞だらけになる。
本種の小さなイモムシの中にも決められた設計図どおりに施工するという遺伝的プログラムが組み込まれている。

5 大きな餃子型シェルターをつくるイモムシ ——ハイミダレカクモンハマキ——

ハイミダレカクモンハマキはハマキガ科に属するガ類である。本種の生態や幼生期は今日まで明らかになっていなかった。今回の調査で本種のハマキムシはブナ科に属するクヌギ、コナラ、ナラガシワなどの落葉性のナラ類を食べることが分かった。

本種の幼虫は頭部が橙色、顔面の形状は逆三角形で、胴部が暗灰色を呈する小型のハマキムシである（写真63）。

一般のハマキムシは一部の葉を巻いたり、葉の縁を折り曲げたりしてカプセルホテルのような小さなシェルターをつくってその中で生活する種が多い。しかし、本種は葉全体を餃子型に巻いて高級ホテルの豪華な広い部屋をつくり、その部屋の中でご馳走を食べてしばらく一人暮らしを行うのである（写真65・66）。

本種の小さなハマキムシがどのようにして大きな餃子型シェルターをつくり上げるのだろうか（図13）？

①餃子皮に具を入れ包んで皮の縁に水をつけて指で順番に押さえてくっつけるように、成熟葉の主脈を中心に葉表を内側にして折りたたみ、外縁を絹糸でしっかりと綴り付ける。成熟葉から幼虫の作業の始まるのか、若葉からなのかは不明である。しかし、葉外縁の綴り付けは幅広いので、成熟葉からシェルターをつくるのではないかと考えている。成熟葉からとしても、どうやって固い成熟葉を中心で折り曲げて、葉縁を接着していくのかは不明である。

②このようにして餃子型シェルターが完成する。シェルターは密閉されているので風船を膨らませたようにパンパンに膨らみ、葉内はかなり湿度が高い。ハマキムシはシェルター内で葉の表面だけを摂食するため、排出した糞がいっぱいになる。本種のハマキムシは餃子様の密閉されたスペシャルルームに潜み、穴を開けないように葉の表面だけを摂食して成長するため、捕食者からの外敵から身を守ることができる。

彼女たちがこのような他に真似ができない作業工程を習得するまでにはかなり長い年月が費やされたのであろう。この小さなハマキムシの中にも餃子型シェルターをつくる遺伝的プログラムが組み込まれている。

6 セミに寄生するオスがいないイモムシ ―セミヤドリガ―

日本ではセミヤドリガ科に属する種はセミヤドリガとハゴロモヤドリガの2種が生息している。

セミヤドリガは名前が示すとおり生きたセミ類［ヒグラシ（最も寄生頻度が高い）］、アブラゼミ、ミンミンゼミ、ツクツクボウシ、ニイニイゼミなど）に寄生する7㎜程度の小型のイモムシである（写真67・69）。1頭のセミで複数幼虫の寄生が多いが、多い時は5、6頭も寄生している場合がある。1齢幼虫はセミの胸部の節間に潜り込むが、2、3齢になるとセミの腹部背側面に移動して絹糸で台座をつくり、そこに円形の鉤爪を有する腹脚でしっかりとしがみついてセミ類の体液を吸って成長すると言われている（写真69）。

5（終）齢幼虫の体表には白い綿毛状の蠟物質が付着されているので幼虫の姿形は見えないが、蠟物質を剥がしてみると、頭・体色は淡褐色、体形はコロッとしたマルムシ型で一般のイモムシと異なる変わった形状である（写真68）。蠟物質を付着した老熟幼虫はセミの体表から糸を垂らしてスギ、ヒノキなどの樹幹上や地面の草上に移動して、まず体表の白色の蠟物質を口で抜き取って体に付着させ外繭、次にその中で白色の薄い内繭をつくり、その中で蛹化する（六浦ら 1969）（写真70）。

写真65 ハイミダレカクモンハマキの終齢幼虫(15㎜)と成虫

写真66 ハイミダレカクモンハマキのシェルター

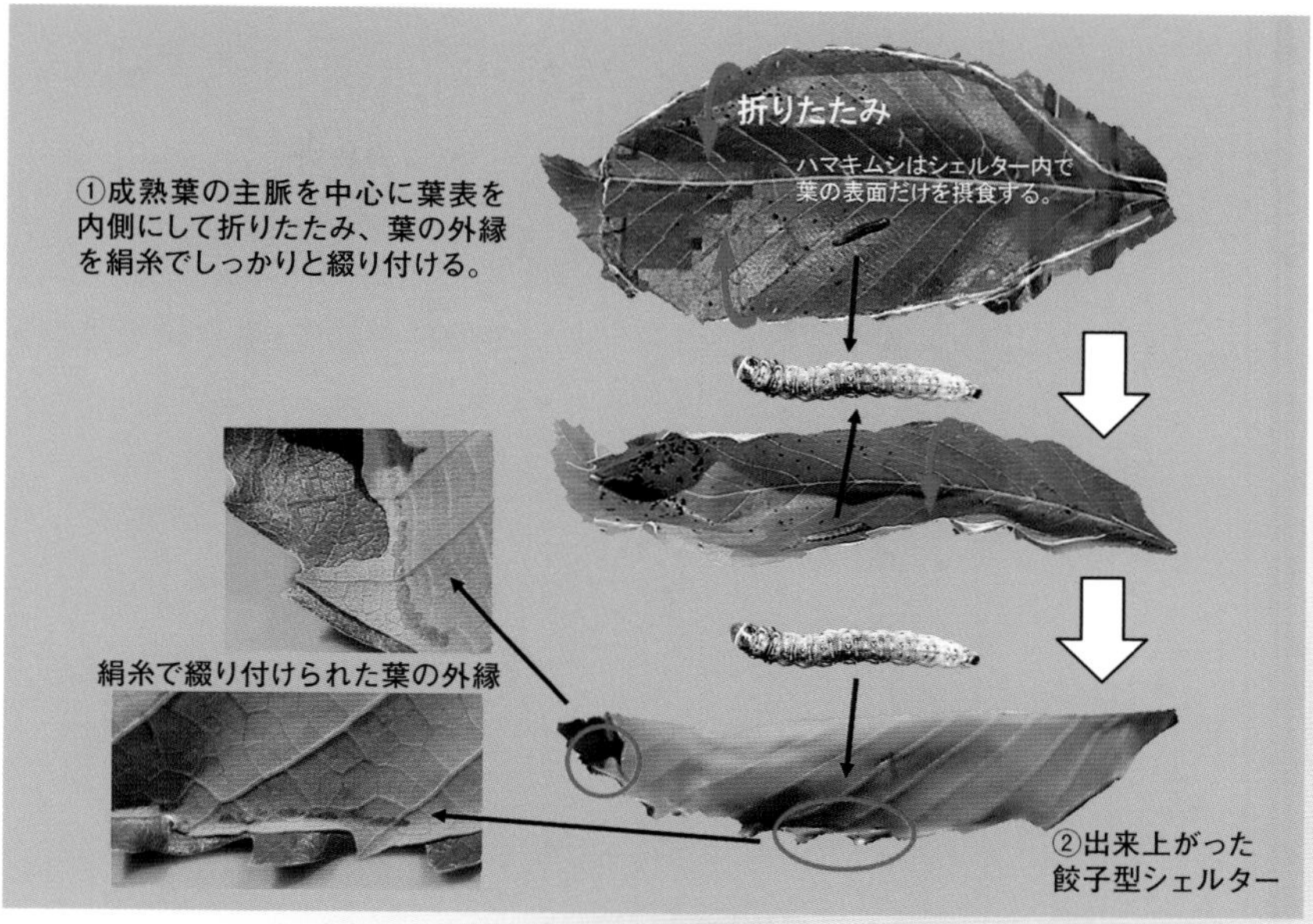
折りたたみ
ハマキムシはシェルター内で
葉の表面だけを摂食する。
①成熟葉の主脈を中心に葉表を
内側にして折りたたみ、葉の外縁
を絹糸でしっかりと綴り付ける。
絹糸で綴り付けられた葉の外縁
②出来上がった
餃子型シェルター

図13 ハイミダレカクモンハマキのシェルターのつくり方

写真67 セミヤドリガの終齢幼虫（老物質を除去）（7㎜）と成虫

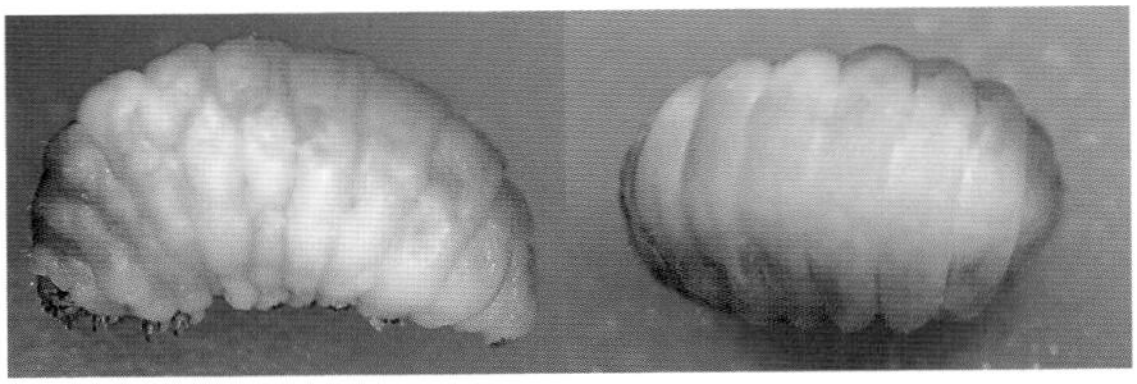

写真68 セミヤドリガの終齢幼虫（老物質を除去）（7㎜）

写真69 アブラゼミに寄生するセミヤドリガの終齢幼虫

写真70 寄主のセミから離れて場所でつくったセミヤドリガの繭

本種は年1回の発生で、メスだけで繁殖する単為生殖を行う。羽化は8月下旬～9月で、卵は1個ずつ樹幹上に産み付けられ、個体によってばらつきがあるが、総計1000卵以上も産卵する個体もある（r戦略）（石井 1997）。産付された卵は樹幹上でそのまま卵態で越冬する。ヒグラシが鳴くスギやヒノキの林内で、樹幹上に産み付けられた卵はセミ類の成虫が発生する7～8月にようやく孵化する。孵化してからセミ類を待ち伏せるのか、セミが飛来してから卵が何らかの情報（セミが来たシグナル）をキャッチして孵化するのかなどの詳しい生態については論文として明らかにされていない。とにかく、彼女たちは、卵あるいは初齢幼虫が潜む樹幹上で、飛来しているか、してこないか分からないセミ類を待って、セミが近くに止まったら歩いてセミに移動寄生するという非効率的な気の長い待ち伏せ戦略をとる。

到底この生活戦略では、ほとんどの孵化幼虫が餓死するのではないかと心配するが、この待ち伏せ戦略で子孫が継代して、種が存続しているのだから不思議である。少なくとも、彼女らはオスがいなくても子ができる単為生殖の繁殖戦略を選択した点では効率的である。しかし、子孫はクローン個体なので遺伝的多様性が得られない欠点も伴う。

イモムシ、ケムシたちの多様な生態行動はなんて不思議なのだろう。彼女たちはぼくに進化などについての色々なことを教えてくれる。どうして小さなイモムシ個体が葉や脱皮殻でこれらのような全く同じ芸術作品がつくれるのか？　なぜ彼女らにこれらのような巧妙な作業を行う遺伝的プログラムが組み込まれたのか？　なぜ爆弾を落とすような非効率な産卵法やセミの待ち伏せ生活史戦略が維持できているのか？

この本を読んだ子供たち、中学生、高校生、大学生などの読者の皆様がこれからの観察、実験によって新たな事実が分かり、びわ湖の森に生息する多様なイモムシ、ケムシたちの不思議なこの生態の仕組みについてもっと詳しく解明してほしいと願っている。

第5章　多様な色彩・形態をもつイモムシ、ケムシたち

イモムシ、ケムシたちは、人の関わり方として害虫として扱われる場合が多い。しかし、彼女らは第4章でも紹介したとおり、よく観察すると不思議で巧妙な生態を持ち、外観がかわいい一面もある。本章では彼女たちが自ら創り出した胴部や頭部の華麗で鮮やかな色彩・模様や同じ個体で変化する幼虫形態を紹介する。

1　イモムシ、ケムシたちから学ぶデザイン

イモムシ、ケムシたちの胴部を実体顕微鏡で顕鏡すると、生物が創り出した様々なカラフルな色彩と幾何学的模様のデザインが観察できる。人は右脳で考えて絵を描くが、イモムシ・ケムシたちのデザインは進化した過程の中で完成される。

彼女らは自信の胴部をキャンバスにして絵を描く。何万年、何千年そして何億年もの過程で、変化ある地球環境に適応できるように個体や種が多様性に向けて分化し、淘汰が繰り返された。現在生存している種のデザインはその戦いに勝ち抜いてようやく創り描いた芸術作品なのである。

構図は、直線、曲線、円・半円紋、条などがうまく配置されている。配色は、ワインレッド

と黒色、淡褐色と白色と黒褐色、橙色と黄色と暗褐色、黄緑色と黒白、黄白色と青色と黒白とコバルトブルー、緑色と黒色と黄色と赤色、灰色・黒色、黒褐色・白色、オレンジ色・黒色、朱色・黒色など様々な組み合わせだが、構図に合わせて見事に配色されている。

円形デザインには、目玉模様、地球誕生や宇宙空間を創造させる幻想的な配色、黒色網の地から浮き出たコバルトブルー、ワインレッド、鮮橙色、黄金色などのカラフルな色彩がある〔図15（1～8）〕。一方、幾何学的模様のデザインは、人では考えも及ばない多様な形を組み合わせた構図、色彩の組み合わせが絶妙である〔図15・16（9～34）〕。

このように、イモムシ、ケムシたちがつくり出した多様な配色と幾何学模様は、装飾などのデザイン構成のヒントとなるに違いない。筆者は東京のアパレルの専門学校から依頼されて幼虫デザインのサンプル写真を資料提供したことがある。

2 多様な顔をもつイモムシ、ケムシたち

小さなイモムシ、ケムシたちの顔（頭部）をじっくり観察した人は少ないと思う。びわ湖の森から幼虫を持ち帰って実体顕微鏡で観察してみると、個性的な顔の形と色彩をもつイモムシ、ケムシたちが多くいるのだ（図17・18）。

例えば、ウスバミスジエダシャク（1・2）は太い眉毛に小さな目、大きな三角鼻とおちょぼ口で、口のまわりにはひげがあるカールおじさんのような愛嬌のあるキモカワ変顔である。そ

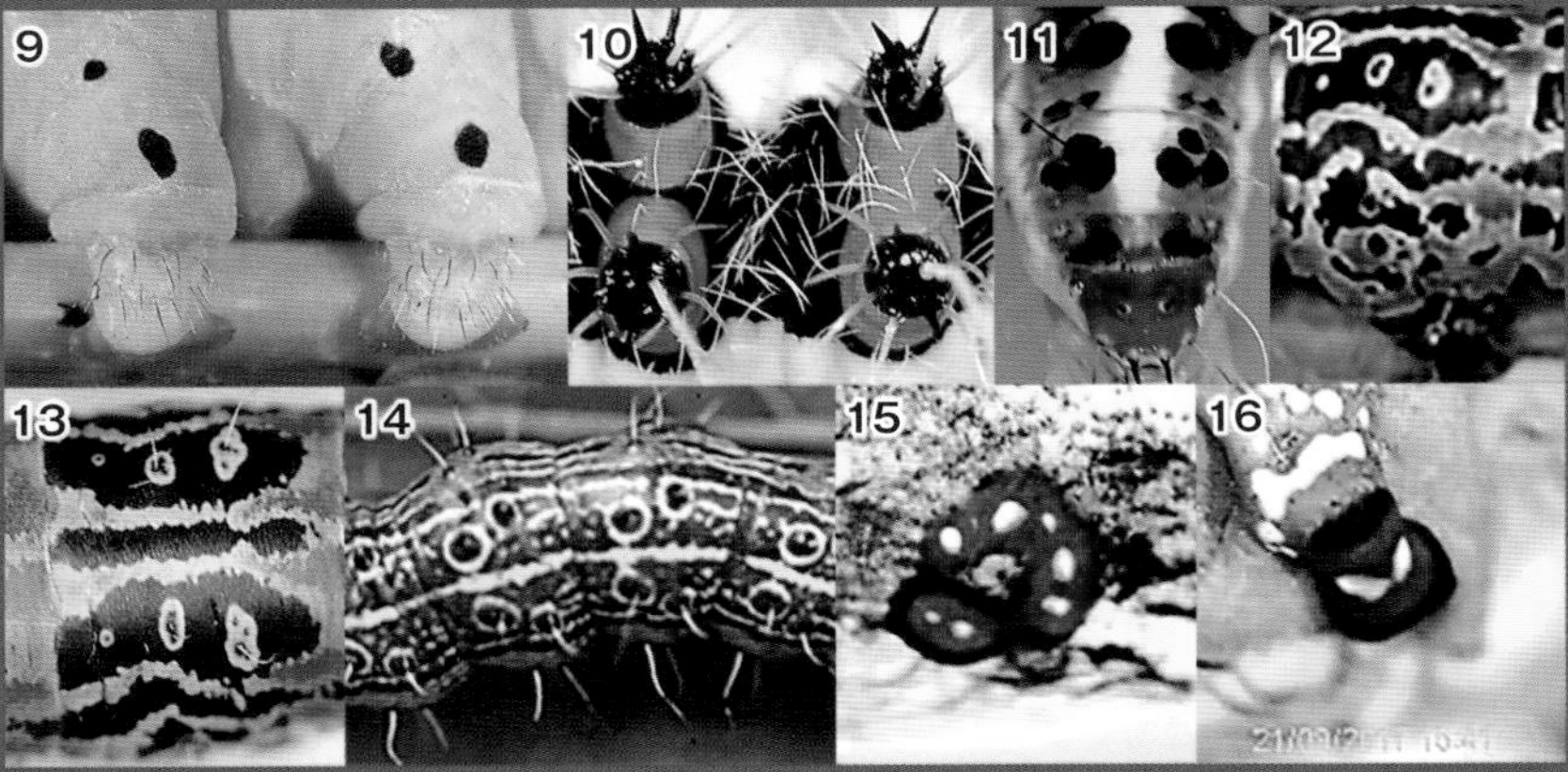

図15 イモムシ・ケムシたちから学ぶデザイン

1・2：セスジスズメ（スズメガ科）
3・4：カイコガ（カイコガ科）
5〜7：マイマイガ（ドクガ科）
8・9：クスサン（ヤママユガ科）
10：ヒメヤママユ（ヤママユガ科）
11：フタトガリアオイ（ヤガ科）
12・13：オオトビモンシャチホコ（シャチホコガ科）
14：シロヘリキリガ（ヤガ科）
15・16：クワコ（カイコガ科）

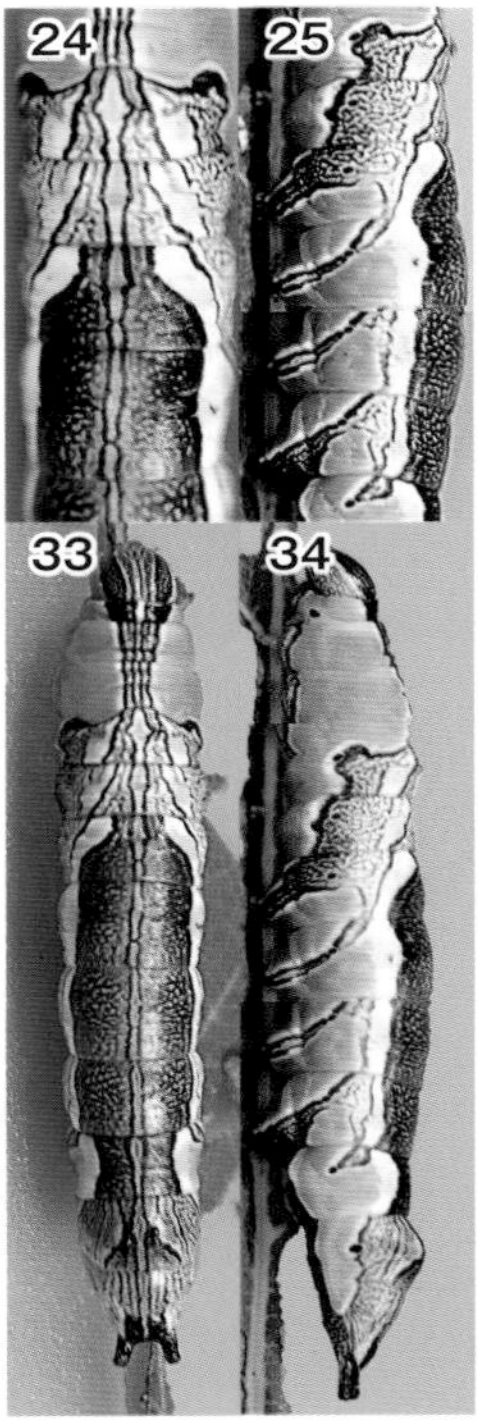

図16 イモムシ・ケムシたちから学ぶデザイン

17：フタトガリアオイガ（ヤガ科）
18：オモトハマヨトウ（ヤガ科）
19：シラオビキリガ（ヤガ科）
20・21・22・31・32：ホソバシャチホコ（シャチホコガ科）
23・24・25・33・34：モンクロギンシャチホコ（シャチホコガ科）
26・27：オオフトメイガ（メイガ科）
28・29：ナカアオフトメイガ（メイガ科）
30：アカバキリガ（ヤガ科）

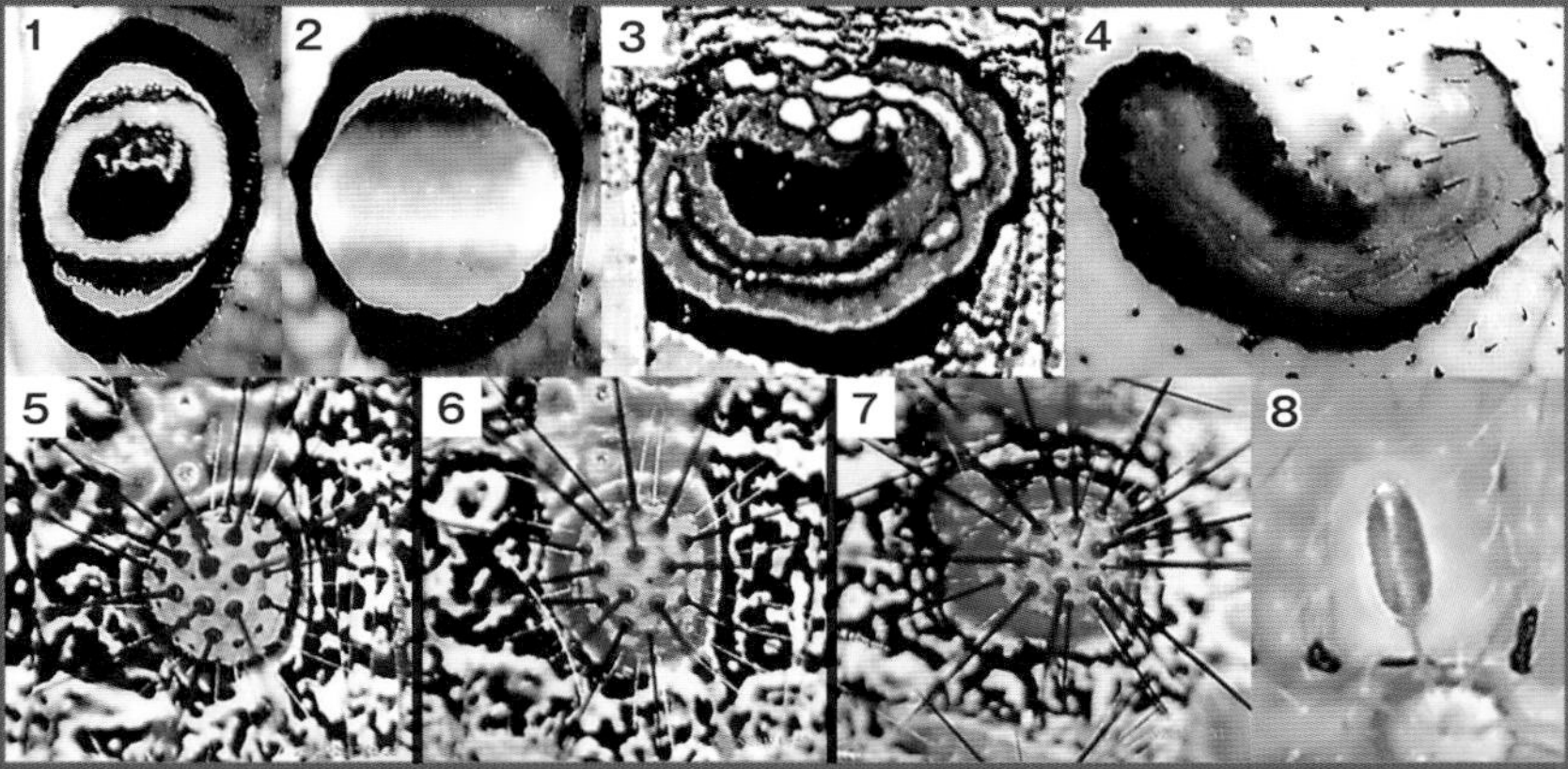
1
2
3
4
5
6
7
8

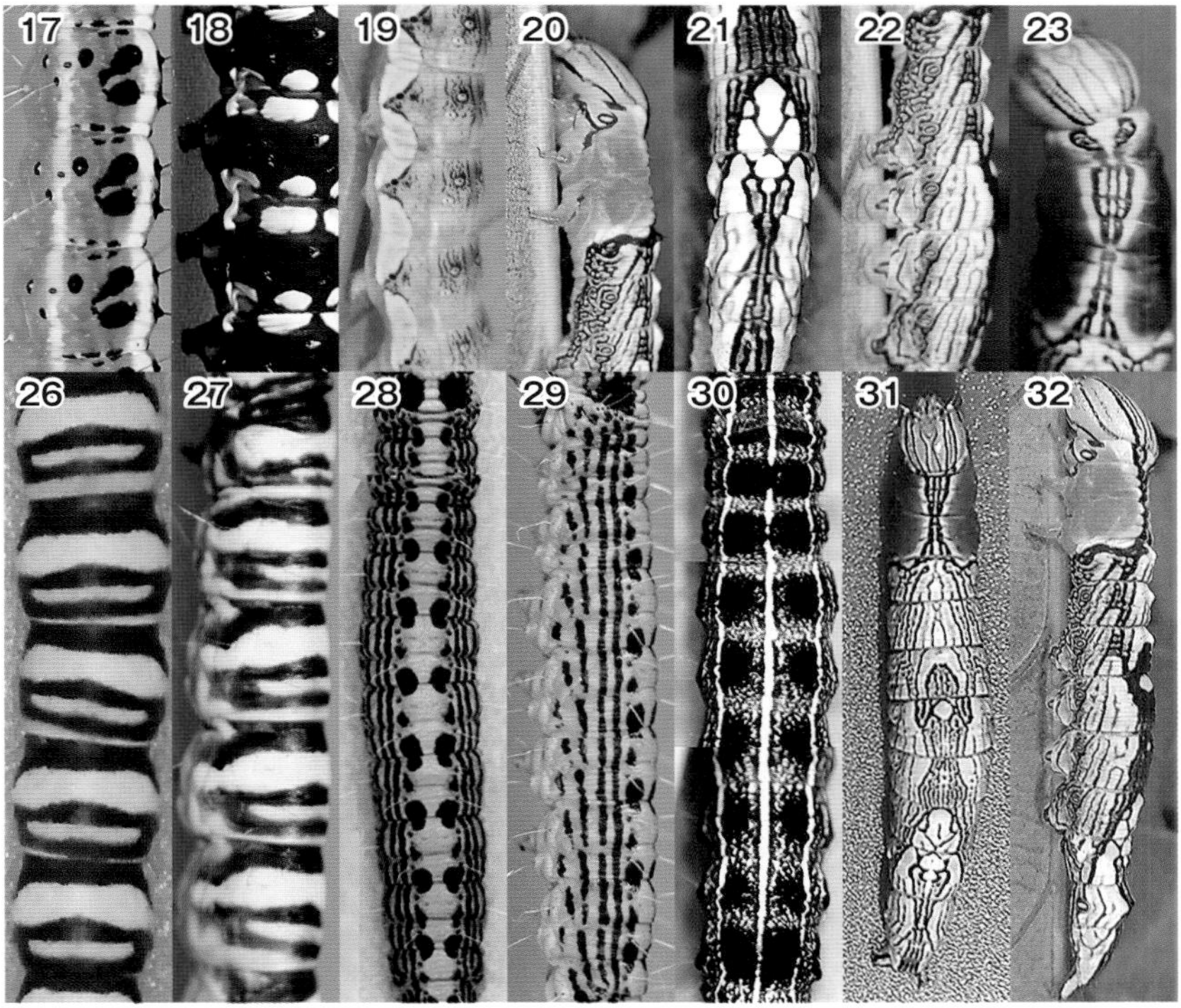
17
18
19
20
21
22
23
26
27
28
29
30
31
32

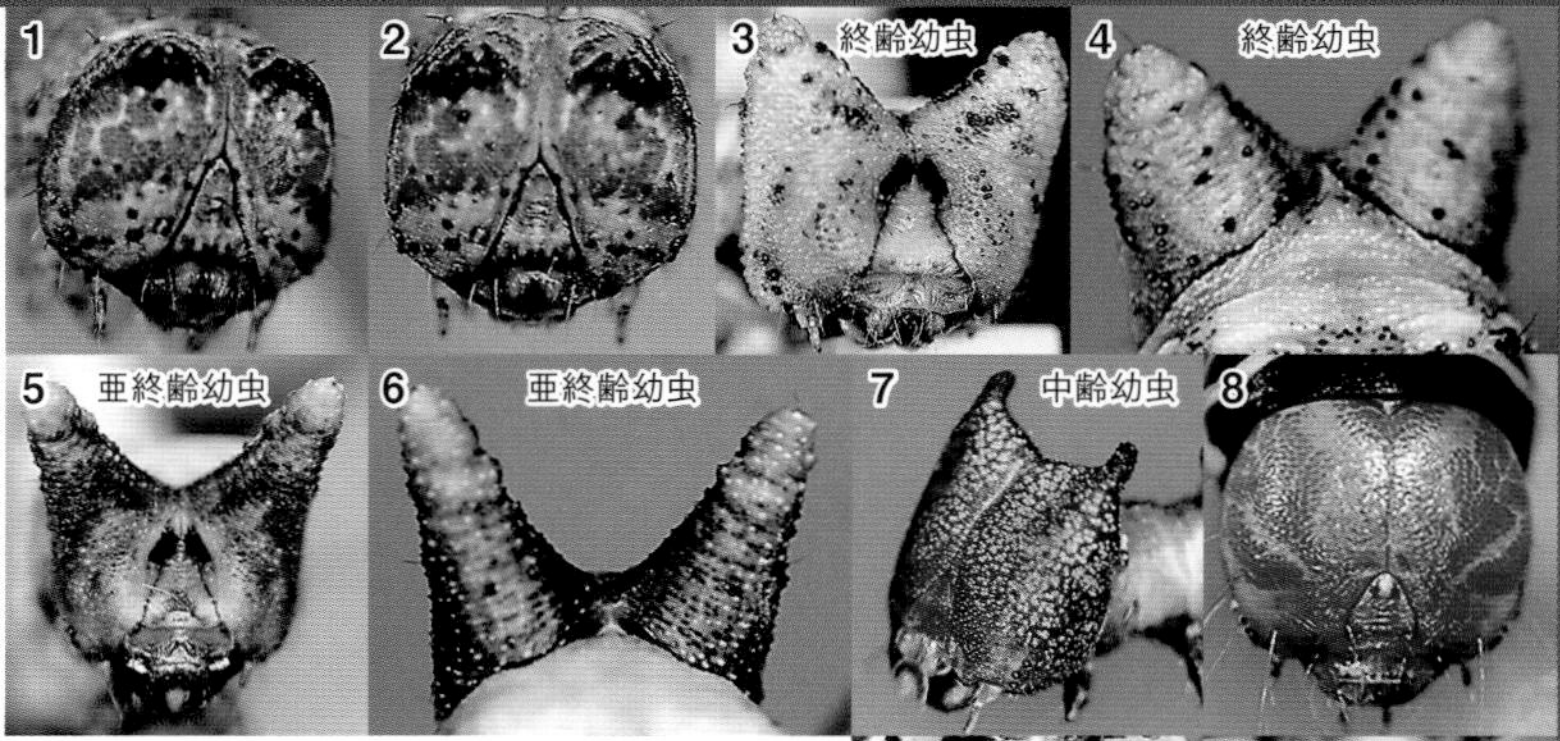

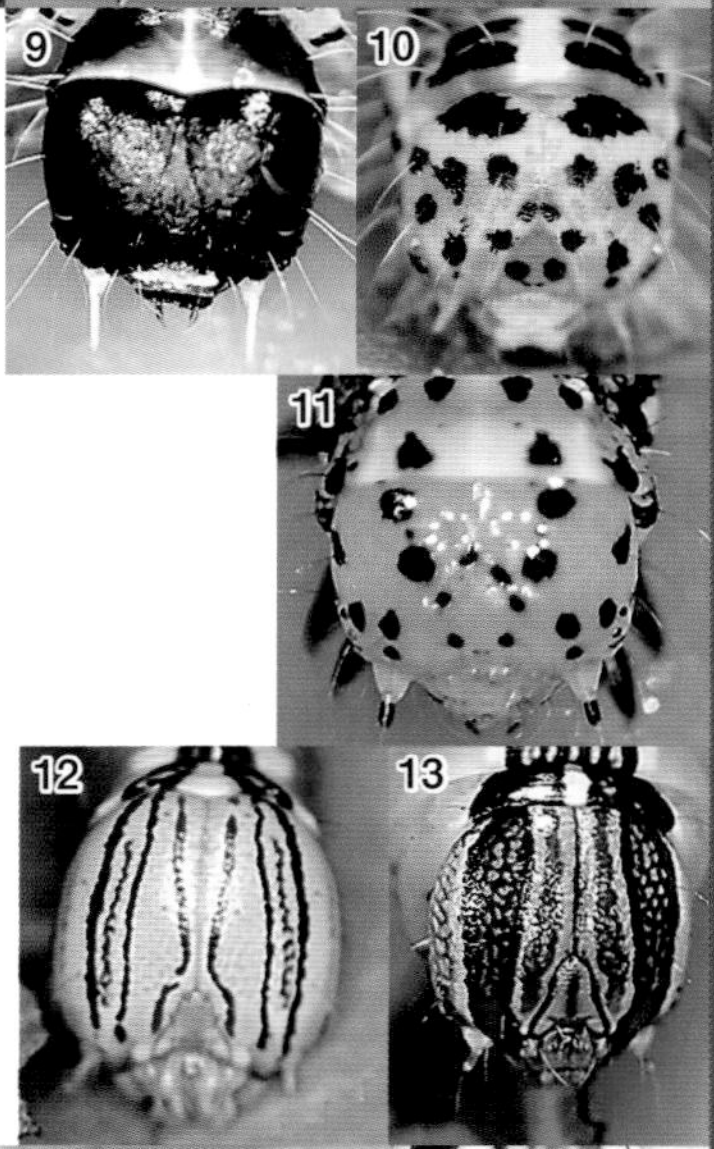

図17 イモムシ、ケムシの顔（頭部）

1・2：ウスバミスジエダシャク（シャクガ科）
3～6：トビモンオオエダシャク（シャクガ科）
7：ギンシャチホコ（シャチホコガ科）
8：オオフトメイガ（メイガ科）
9：クワコ（カイコガ科）
10：フタトガリアオイガ（ヤガ科）
11：ブナキリガ（ヤガ科）
12：ホソバシャチホコ（シャチホコガ科）
13：モンクロギンシャチホコ（シャチホコガ科）
14～16：クロメンガタスズメ（スズメガ科）
17・18：キクキンウワバ（ヤガ科）
19・20：クチバススズメ（スズメガ科）

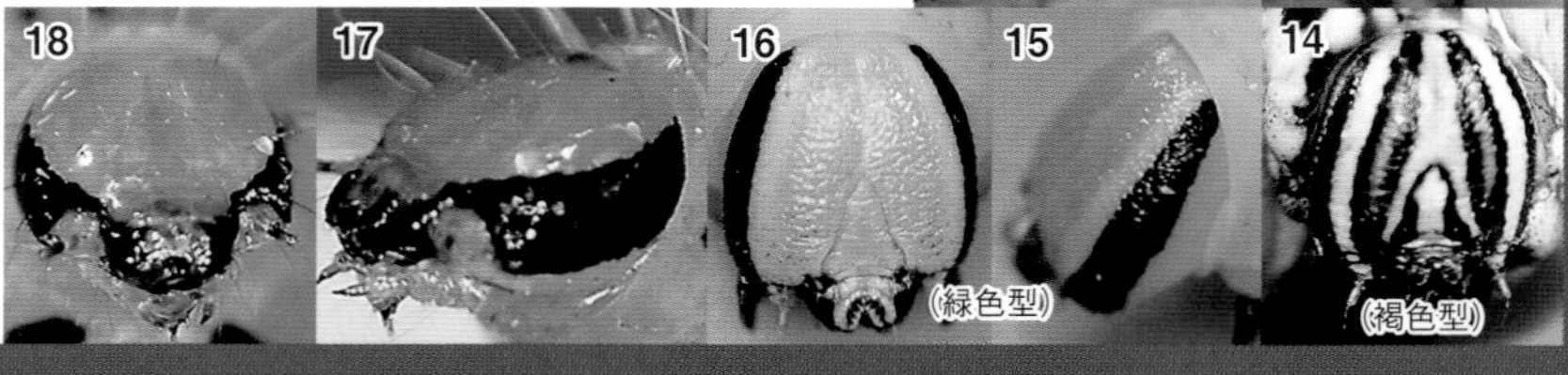

郵　便　は　が　き

お手数ながら切手をお貼り下さい

5 2 2-0 0 0 4

滋賀県彦根市鳥居本町655-1

サンライズ出版 行

〒

■ご住所

■お名前《ふりがな》　　■年齢　　歳　男・女

■お電話　　■ご職業

■自費出版資料を　　希望する ・ 希望しない

■図書目録の送付を　　希望する ・ 希望しない

サンライズ出版では、お客様のご了解を得た上で、ご記入いただいた個人情報を、今後の出版企画の参考にさせていただくとともに、愛読者名簿に登録させていただいております。名簿は、当社の刊行物、企画、催しなどのご案内のために利用し、その他の目的では一切利用いたしません（上記業務の一部を外部に委託する場合があります）。

【個人情報の取り扱いおよび開示等に関するお問い合わせ先】
サンライズ出版 編集部　TEL.0749-22-0627

■愛読者名簿に登録してよろしいですか。　□はい　□いいえ

ご記入がないものは「いいえ」として扱わせていただきます。

愛読者カード

ご購読ありがとうございました。今後の出版企画の参考にさせていただきますので、ぜひご意見をお聞かせください。なお、お答えいただきましたデータは出版企画の資料以外には使用いたしません。

●書名

●お買い求めの書店名（所在地）

●本書をお求めになった動機に○印をお付けください。

1．書店でみて　2．広告をみて（新聞･雑誌名　　　　　　　　　　）

3．書評をみて（新聞･雑誌名　　　　　　　　　　　　　　　　　　）

4．新刊案内をみて　5．当社ホームページをみて

6．その他（　　　　　　　　　　　　　　　　　　　　　　　　　　）

●本書についてのご意見・ご感想

購入申込書

小社へ直接ご注文の際ご利用ください。
お買上 2,000 円以上は送料無料です。

書名　　　　　　　　　　　　　　　　（　　　冊）

書名　　　　　　　　　　　　　　　　（　　　冊）

書名　　　　　　　　　　　　　　　　（　　　冊）

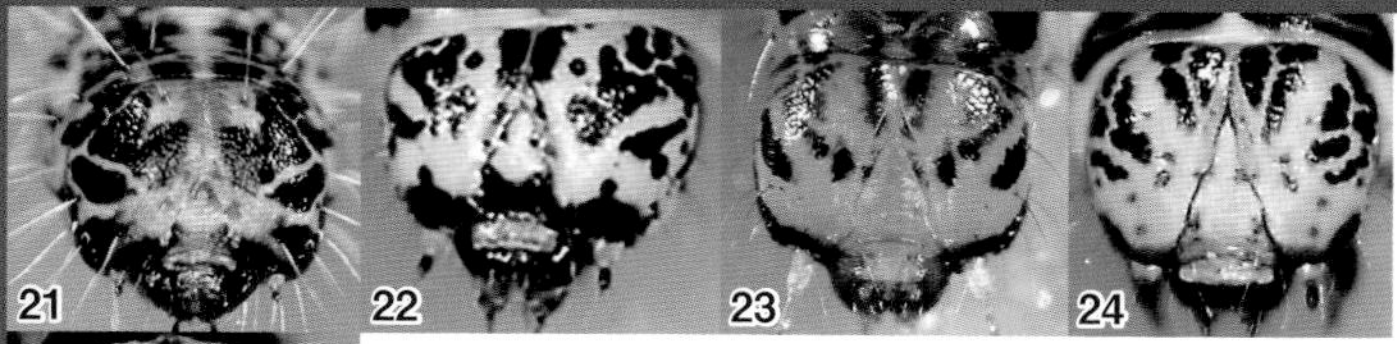

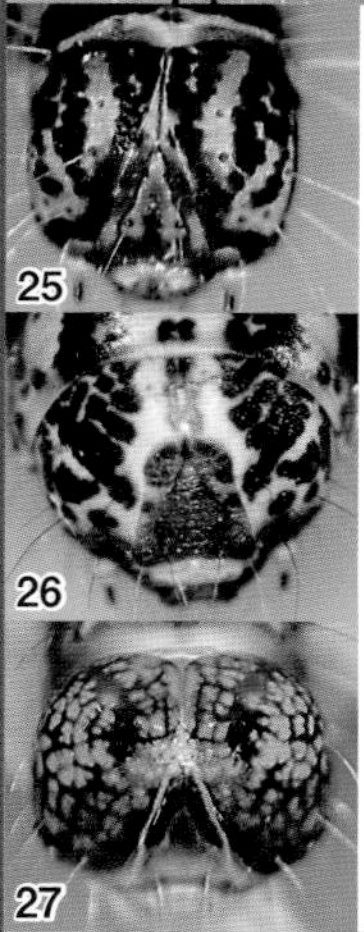

図18　イモムシ、ケムシの顔(頭部)

21：ナカアオフトメイガ（メイガ科）
22：ウスアカマダラメイガ（メイガ科）
23：クロウスムラサキノメイガ（ツトガ科）
24：ゴマダラマルハキバガ（マルハキバガ科）
25：ムモンハビロキバガ（ヒゲナガキバガ科）
26：チャミノガ（ミノガ科）
27：フタスジエグリアツバ（ヤガ科）
28：カシワマイマイ（ドクガ科）
29：マイマイガ（ドクガ科）
30：オビカレハ（カレハガ科）
31：ヒメヤママユ（ヤママユガ科）
32：ニトベエダシャク（シャクガ科）
33：オオバトガリバ（カギバガ科）

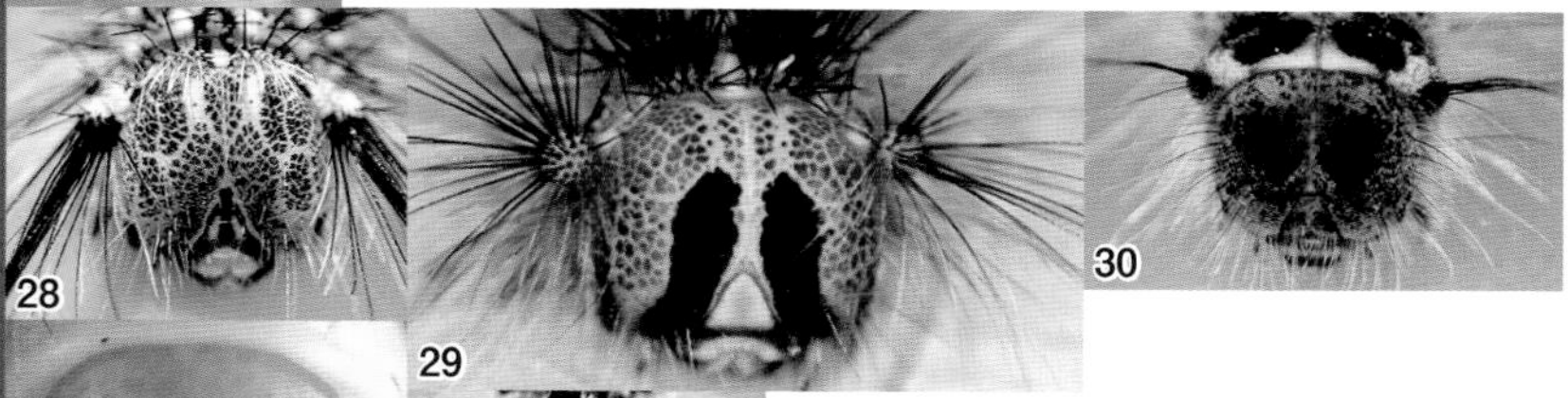

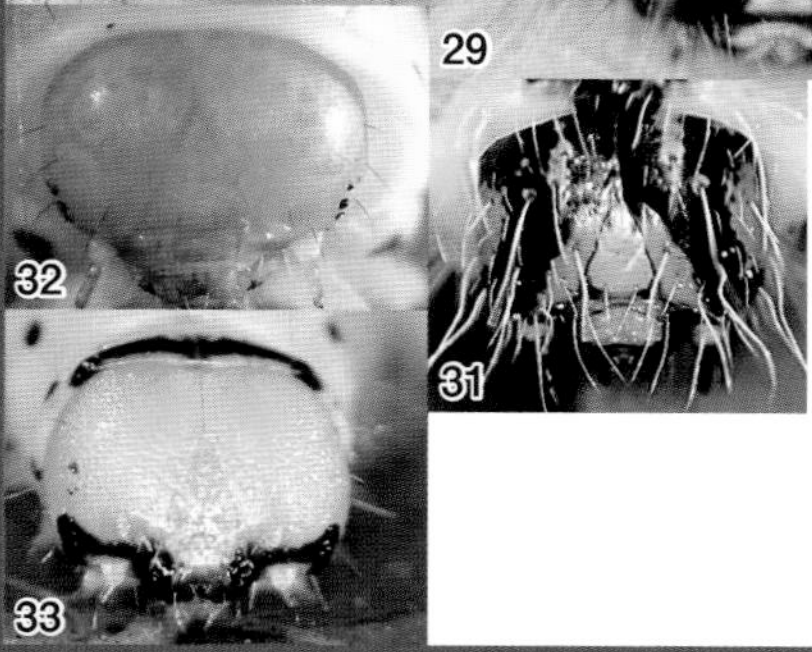

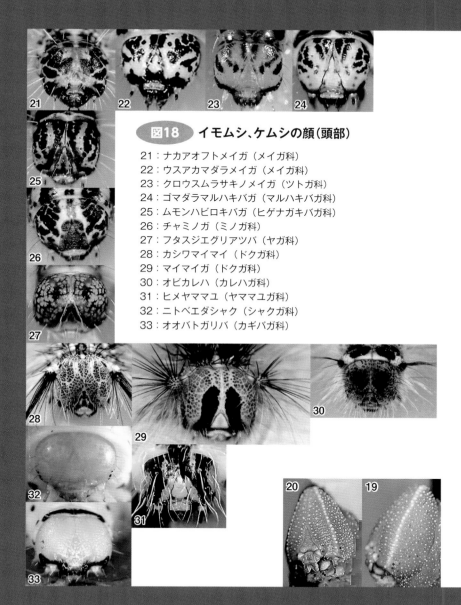

して、トビモンオオエダシャク（3〜6）やギンシャチホコ（7）は鬼のような一対の角をもつ。脱皮するたびに角の長さが変化するのも面白い。

オオフトメイガ（8）は目が吊り上がった怒り顔、ビロードハマキ（9）はセイウチのような長い牙をもち、フタトガリアオイガ（10）とブナキリガ中齢幼虫（11）の顔にはニキビのような黒色の斑点がある。

ホソバシャチホコ（12）、モンクロギンシャチホコ（13）、クロメンガタスズメ（褐色型）（14）はウルトラマンのような大きな目をもつ。

クロメンガタスズメ（緑色型）（15・16）とキクキンウワバ（17・18）はサングラスをかけ、クチバスズメ（19・20）はちびまる子ちゃんの永沢くんのような三角頭である。

また、虎顔をもつイモムシ、ケムシたちは多い。ナカアオフトメイガ（21）、ウスアカマダラメイガ（22）、クロウスムラサキノメイガ（23）、ゴマダラマルハキバガ（24）、ムモンハビロキバガ（25）、チャミノガ（26）、フタスジエグリアツバ（27）は種ごとに異なった虎縞模様をもつ。したがって、この虎縞模様で同定（種の名前を調べること）ができる。

まるで戦いに負けて逃げて行く落ち武者のような風貌のケムシたちもいる。カシワマイマイ（28）、マイマイガ（29）とオビカレハ（30）、ヒメヤママユ（31）だ。彼らは散バラ髪で戦いに負けた疲れ顔である。

ニトベエダシャク（32）はツルッパゲのおじさん頭、オオバトガリバ（33）はナマズ顔である。イモムシ、ケムシたちの胴部の色彩が顔に似ている種もいる［図19（1〜5）］。

胴部の色彩を見ると、トビモンオオエダシャク（1）の腹部背面は面長の顔にゴーグルをつけている顔が浮き出ている。ヒロバウスグロノメイガ（2）の腹部は透明感のある肌質と黒色の目をもち、足も下方に伸びてイカにそっくりだ。

イラガ（3）は金髪でくっきりした眉毛と丸い目、大きく開けた口は可愛らしい腹部をもつ。カシワマイマイ（4）の腹部背面にはアライグマの顔、クワコ（5）の胸部背面には可愛い目が飛び出たカエル顔が浮き出ている。

このように、びわ湖の森には多様な顔をもつイモムシ、ケムシたちが生息していることが分かる。

3 変身するイモムシ、ケムシたち

イモムシ、ケムシたちは孵化すると脱皮して齢を重ねて成長するが、脱皮するたびに姿形・色彩が変わって、大きく変身する種が多い。ここでは、下記の11種の変身するイモムシ、ケムシたちを紹介する［写真71・72・73（1～33）］。［幼虫の胴部は胸部3節（T1～3）と腹部10節（A1～10）から構成されている］。

エゾヨツメ（ヤママユガ科）（1～3）：1齢幼虫はT1・T3・A8に竿上げ棒状の長い突起を有するケムシだが、3齢になるとやや短い槍型突起を有する青緑色のイモムシに変身し、最後に5（終）齢になると突起は消失して大きなイモムシとなる。体色も形状も大きく変身

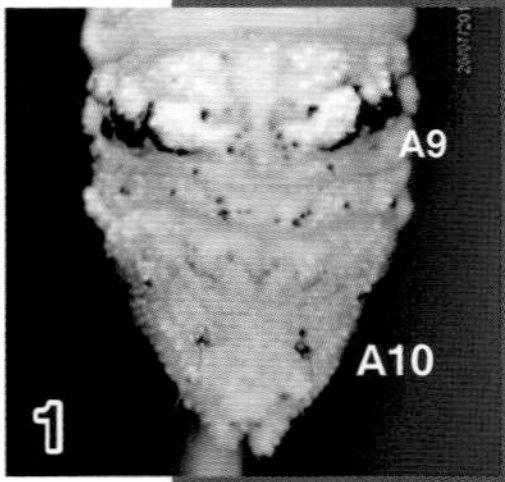

トビモンオオエダシャク
（シャクガ科）

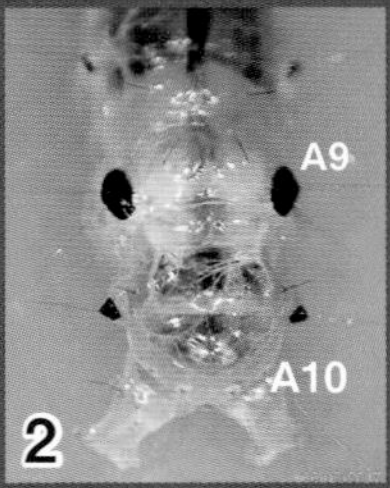

ヒロバウスグロノメイガ
（ツトガ科）

イラガ（イラガ科）

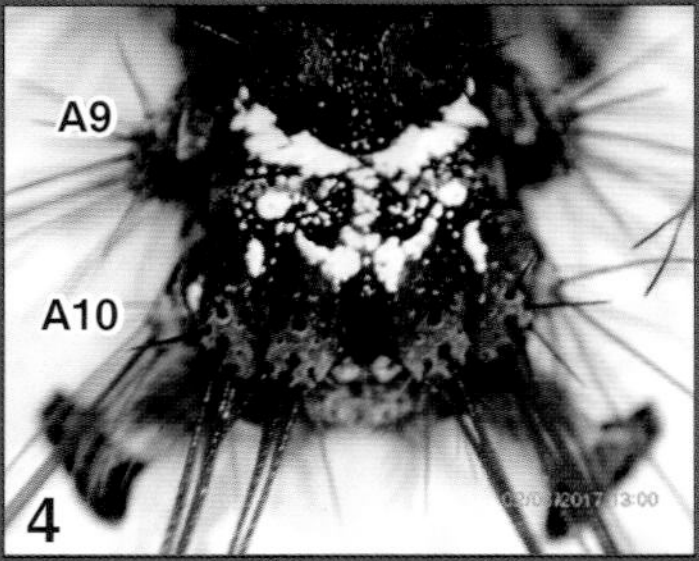

カシワマイマイ（ドクガ科）

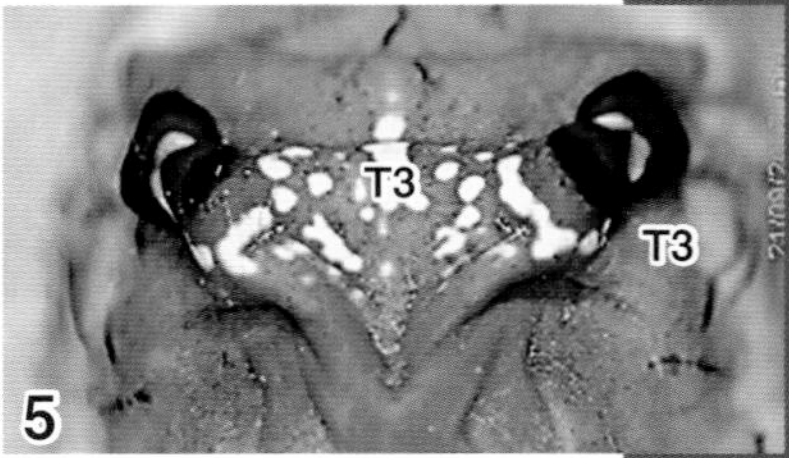

クワコ（カイコガ科）

図19

イモムシ、ケムシたちの胴部の顔模様
（Tは胸部、Aは腹部）

エゾヨツメ（ヤママユガ科）

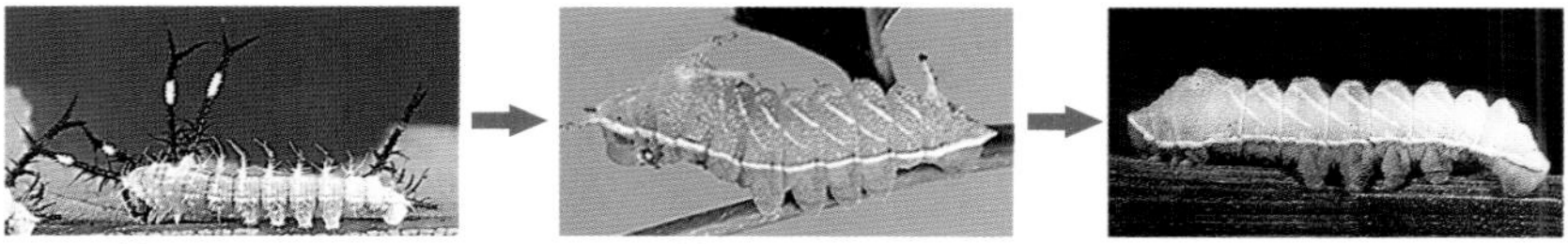

1：1齢　**2**：3齢　**3**：5（終）齢

ウスタビガ（ヤママユガ科）

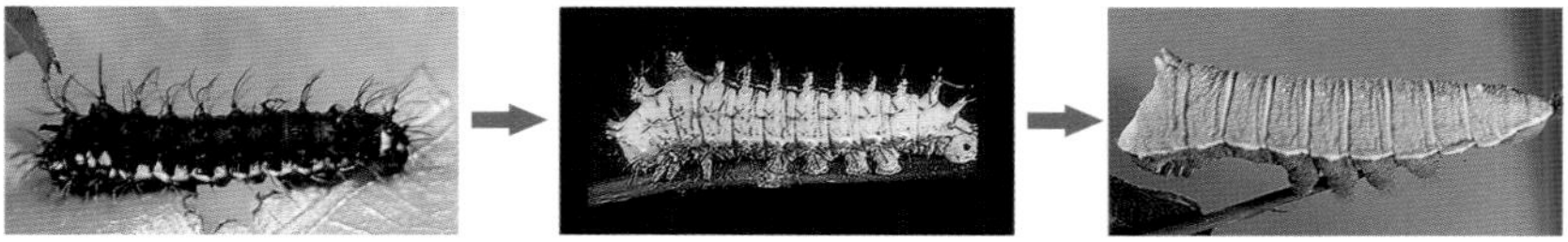

4：1齢　**5**：3齢　**6**：5（終）齢

ヒメヤママユ（ヤママユガ科）

7：1齢　**8**：中齢　**9**：5（終）齢

ヤママユ（ヤママユガ科）

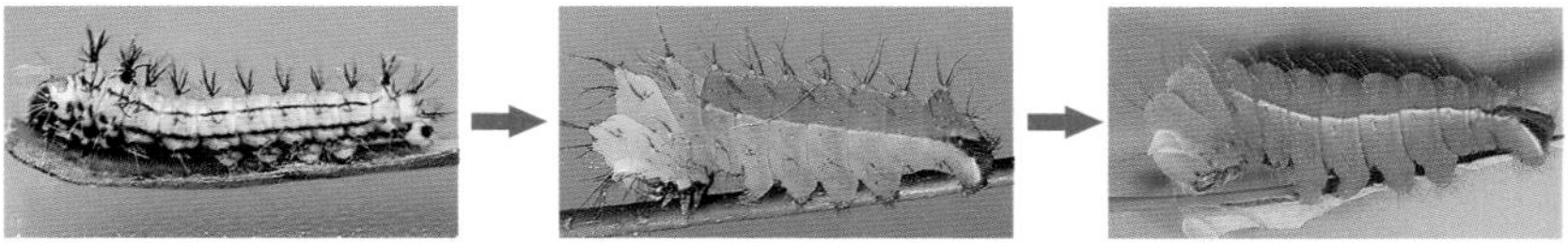

10：1齢　**11**：3齢　**12**：5（終）齢

写真71　変身するイモムシ・ケムシたち

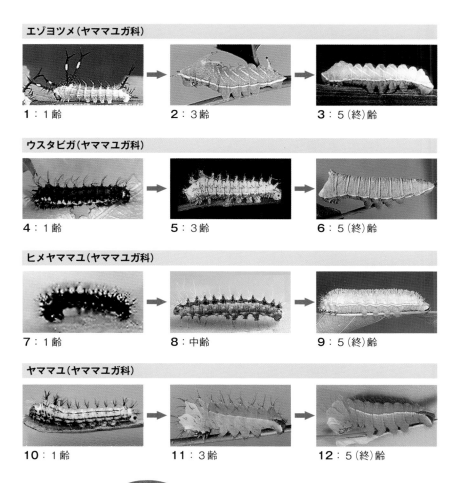

サクサン(ヤママユガ科)

13：1齢

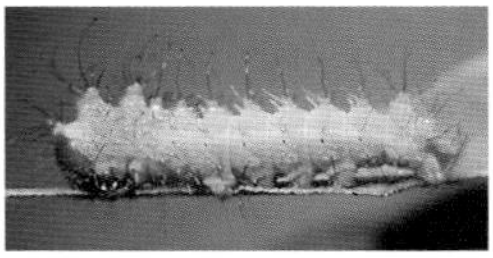

14：2齢

15：5(終)齢

オナガミズアオ(ヤママユガ科)

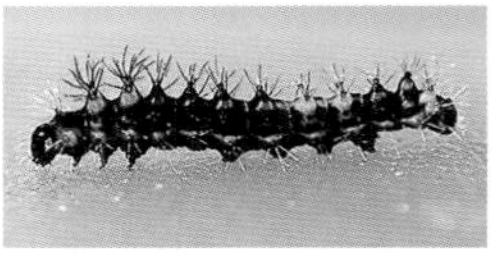

16：1齢

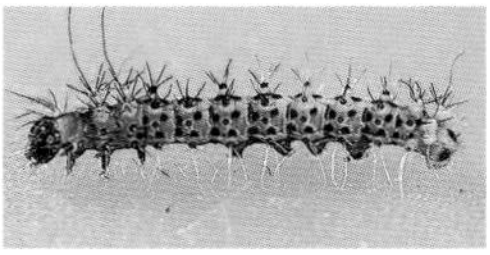

17：2齢

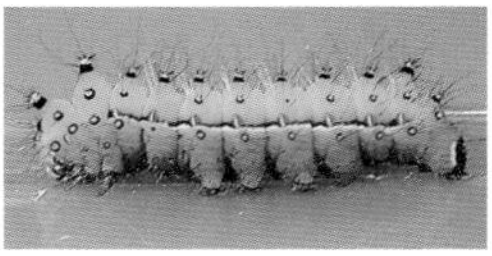

18：5(終)齢

クスサン(ヤママユガ科)

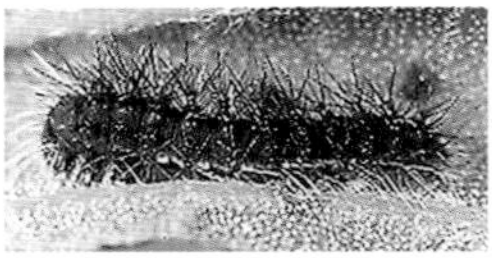

19：1齢

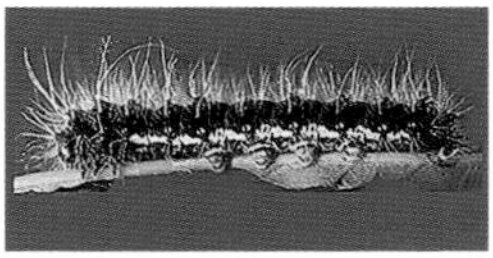

20：3齢

21：5(終)齢

シンジュサン(ヤママユガ科)

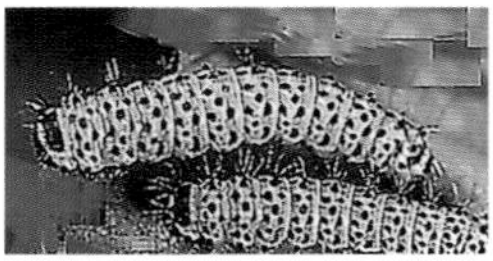

22：1齢

23：4齢

24：5(終)齢

写真72 変身するイモムシ･ケムシたち

チャエダシャク（シャクガ科）

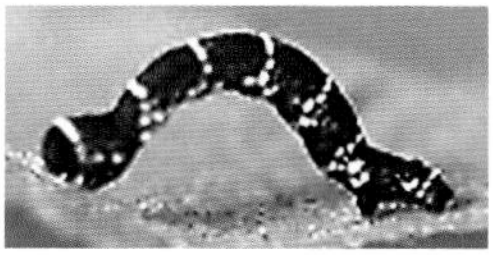

25：1齢

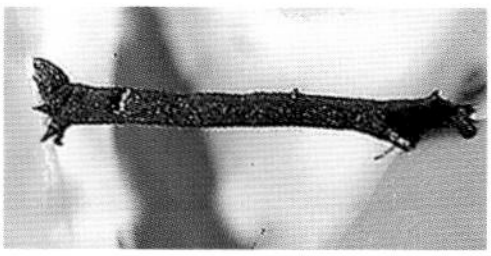

26：中齢

27：終齢

カイコガ（カイコガ科）

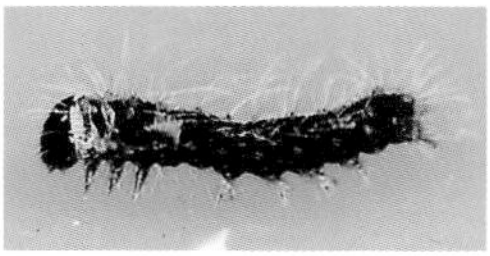

28：1齢

29：2齢

30：5（終）齢

シラオビキリガ（ヤガ科）

31：中齢

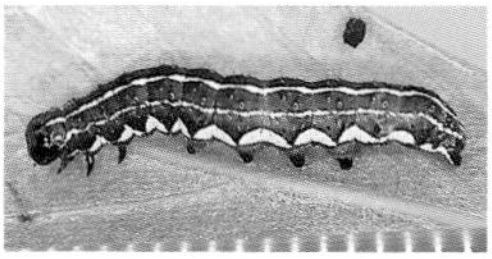

32：亜終齢

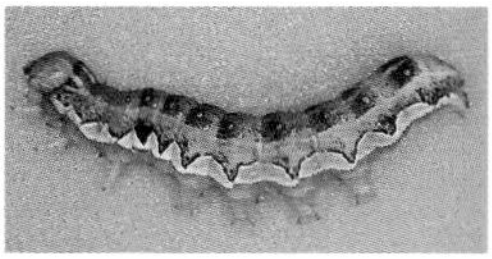

33：終齢

写真73　変身するイモムシ・ケムシたち

する。

ウスタビガ（ヤママユガ科）（4～6）：1齢幼虫は黒色のケムシであるが、4齢幼虫では体色が黄白色になり、体表の円錐型突起が発達する。突起先端域の色彩は、T1・T3・A8・A10の背域、気門近くの側域の突起は、鮮やかなコバルトブルー色となり目立つ。最後に5（終）齢になると体色が黄緑色（腹域は青緑色）になり、体表の突起や刺毛が目立たなくなって（T3の一対とA8の1本突起はわずかに残る）大きなイモムシに変身する。

ヒメヤママユ（ヤママユガ科）（7～9）：1齢幼虫は黒色であるが、中齢幼虫になると背域が黒色、側・腹域と緑色のツートンカラーに変身する。T2・T3とA4・A5の背域の一対の突起基部は目立った朱色のリングをもち、針状刺毛を伴った円錐型突起が発達したケムシになる。そして5（終）齢幼虫になると突起は目立たなく、普通のケムシから背域がきれいに刈り込まれた長さが均一のブラシ状刺毛になり、体色は気門より背域が黄緑色、腹域がコバルトブルー色のツートンカラーの美しいケムシに変身する。

ヤママユ（ヤママユガ科）（10～12）：1齢幼虫は背域の突起が目立つ体色が黄色のケムシである。T2・T3・A8（中央に一つ）・A9の先端に黒色の刺毛が叢生した一対の突起が大きい。3齢以上になると突起が目立たなくなり、5（終）齢になると体色が美しい緑色、頭部もコバルトブルー色の6㎝程度のまんまると太ったイモムシらしいイモムシに変身する。体重が重たいので枝にぶら下がりながらドングリの木の葉を食べる。

サクサン（ヤママユガ科）（13～15）：1齢幼虫は黒褐色のケムシであるが、2齢になると黄色のケムシ、5（終）齢幼虫は淡緑色の大きなイモムシに変身する。

オナガミズアオ（ヤママユガ科）（16～18）：1齢幼虫は黒褐色で刺毛突起がオレンジ色で目立つケムシである。2齢になると体色がオレンジ色となり、最後に5（終）齢になると緑色の大きなイモムシに変身する。体形はA8以外の胸・腹部背域には一対の隆起した山、A8では一つの山となり、その頂上付近には刺毛を伴った先端が尖っていない円錐状突起を有する。特にT2・T3・A8背域の隆起山は大きい。

近縁種のオオミズアオと形態は酷似しているが、オオミズアオではT2・T3の円錐状突起基部がリング状の赤褐色を呈する特徴があるが、オナガミズアオではほとんどの円錐状突起基部でリング状の黒褐色を呈し、ハンノキ科の植物の葉しか食べないので、簡単に区別できる。しかし、外観による両種の成虫の同定は難しい。

クスサン（ヤママユガ科）（19～21）：1齢幼虫は黒色であるが、3齢では刺毛が白色となり、5齢になると長い淡青白色の刺毛を有する「白髪太郎」とよばれる大きなケムシに変身する。本種はクリの害虫で時に大発生してクリの木の葉を暴食する。

シンジュサン（ヤママユガ科）（22～24）：1齢幼虫は淡黄色地に全体に黒色斑を散らすケムシである。3・4齢になると胴部には多数の先端には白色のカビが生えたような円柱突起を有し、4齢では体全体が白色粉に覆われて白く見える。5（終）齢に成長すると柱状突起と腹脚の付け根域は鮮明なコバルトブルー色になり、胴部全体が白色粉に覆われた淡青緑色の大きなケムシに変身する。

チャエダシャク（シャクガ科）（25～27）：若齢幼虫は黒褐色地に7つの白色点リングを有する小さなシャクトリムシである。中齢幼虫では白色点リングはA1だけになり、A1・A4・A8の背域に一対の小さな突起を有するシャクトリムシに変身する。終齢になると胴部は灰褐色（暗紫色など個体変異あり）で寸胴で太いシャクトリムシに成長する。

カイコガ（カイコガ科）（28～30）：卵から孵化直後の1齢幼虫は黒褐色のケムシで、アリに似ているので蟻蚕とも呼ばれ、一般のカイコの姿のイメージからはほど遠い姿形である。2齢になると胸部が白色で膨張し、胴部は淡褐色斑を散らした白褐色のイモムシに変身する。3齢以降はカイコらしいイモムシの風貌になるが、5（終）齢幼虫では1齢の体重の1万倍にもなる大きなイモムシに成長する。

シラオビキリガ（ヤガ科）（31～33）：中齢幼虫は淡灰色の小さなイモムシであるが、亜終齢では背・側域が黒灰色で側面には目立った黄白色のノコギリ歯状の側紋を有するイモムシに変身する。さらに終齢になると黄白色のノコギリ歯状の側紋は残るが、頭部、胴部ともに淡褐色に変色する。

第6章 びわ湖の森のイモムシ、ケムシたちの調査手法

第1～5章まで紹介したように、びわ湖の森には多種多様なイモムシ、ケムシたちが生息している。本章では若い研究者が育つようにイモムシ、ケムシたちの調査手法について述べる。

1 野帳（幼虫調査・写真撮影）の作成

幼虫の発育経過などを整理するために幼虫調査野帳を前もって作成しておくと便利である。

幼虫調査の野帳

野帳には個体番号、採集地、寄主植物名、採集時点データ［採集日・幼虫齢（若・中・壮齢など）・体長など］、発育経過（老熟日・蛹化日・羽化日）、種名（不明種は羽化成虫で同定して記入）、メモ（気づいたことを何でも記入）などの項目を入れる（表3A）。

種名が不明である個体は、最後に羽化させて、成虫を展翅して標本をつくる（写真74E）。そして同定して、初めて正確な種名が判明したときに、野帳に記入する。ここで幼虫の種名と膨大な幼虫情報が初めて一致する。

写真撮影の野帳

定期的に接写した写真を撮影するので写真撮影の野帳も作成する（表3B）。撮影月日、カ

メラ機種、個体番号、幼虫齢（若・中・壮）、体長、メモ、寄主植物などの項目を入れておくと、幼虫調査の野帳と照らし合わせると便利である。

2 イモムシ、ケムシたちの飼育方法

まず、野外で幼虫の探索と採集を行う。野外から幼虫が食べていた植物種別にタッパー容器やビニル袋など葉ごと採集して実験室に持ち帰る。

次に室内で幼虫種のグルーピングするのだが、とりあえず複数個体で同種と考えられる複数の幼虫と1個体しか採集できなかった幼虫を食草ごと飼育容器の中に入れる。それから、面倒だが複数個体のグループも1個体ずつ分けて別の飼育容器（タッパー）に移す。それぞれに個体番号（仮の名前）を与えて、番号とその他情報（採集地、採集日、食草・食樹（ホスト）名など）を付箋に記入して飼育容器の蓋に貼る（写真74B・C）。

飼育容器：幼虫の大きさに合わせて飼育容器の大きさを変える。密閉性が低い容器は入れた食草・樹葉がすぐ萎れてしまうため、容器は密閉性が高いものが適している。空気の流通がなくても幼虫は死亡しない。次に容器の素材だが、ポリエチレンで、柔軟性がある蓋があるものが適している。著者は100円均一ショップで販売している80×80×45㎜の四角いタッパーを利用している。四角の形状には意味があり、常に50以上の容器を取り扱うため、かごに入れて重ねて隙間なく整理するためである（写真74A・D）。

表3 幼虫調査野帳と写真撮影野帳

幼虫調査野帳(A)

個体番号	寄主植物	採集日	齢(若·中·壮)	体長(㎜)	老熟日	蛹化日	羽化日	種名	メモ
20210001		/			/	/	/		
20210002		/			/	/	/		
20210003		/			/	/	/		
20210004		/			/	/	/		
20210005		/			/	/	/		

写真撮影野帳(B)

撮影月日	種類		個体番号	齢(若·中·壮)	体長(㎜)	メモ	寄主植物
	マイクロカメラ	接写カメラ					
/			20210000				
/			20210000				
/			20210000				
/			20210000				
/			20210000				

※メモは気づいたことを何でも書く

写真74 飼育容器·ラベルと成虫の展翅

衛生面や湿度管理のため容器の底に敷き紙を敷き、その上に食草・樹葉と幼虫を入れて飼育する（写真74A・B）。

飼育のポイントは容器内の湿度管理である。衛生性を保つために定期的に糞の掃除と新しい葉、同時に新しい敷き紙に交換する。中に入れる葉量が少ない（容器内の湿度が低い）場合は、少し水を吸わせたティッシュペーパーの破片を容器内に入れるとよい。ただし、入れすぎると加湿になり飼育環境が悪化するので紙に含ませる水量はその都度調整する必要がある。蓋の裏に水滴が少しでもつくようであれば多湿である。

また、蛹や幼虫で越冬する個体の容器内の湿度管理は特に難しい。その場合は底に紙を敷いた容器の中に少しだけ湿らせた数枚のティッシュペーパーを軽く丸めて入れ、その中に蛹または幼虫を入れる。冬期でも数週間以上放置すると敷き紙やティッシュペーパーにカビが生えてくるので、定期的に飼育容器内の湿度状況や衛生状況を確認し、新しい紙やティッシュペーパーに替えるなどして、容器内の環境をよくする。なお、越冬蛹であれば、羽化をうまくさせるために、羽化時期（月）を予測して羽化前に蛹をティッシュペーパーの中から取り出して、底に紙を敷いた飼育容器に戻す。越冬幼虫であれば、春前から定期的に蛹化の確認をする必要がある。

飼育容器の保管場所は冷暖房がなく、直射日光が当たらない廊下などが適している。

3 イモムシ、ケムシたちの写真撮影

まず、照明装置としてアーム型LEDライト2台とリング型LEDライト1台、そして被写体が映える背景色、きれいな青色などの撮影台（反射しにくく、滑らい消しゴムなどがよい）、ハンディマイクロスコープ（以下MS）の固定台［MSの高さ調整とレンズ保護筒の固定台（切断消しゴム4枚程度）・定規を準備する（写真75A・B・E）］。

個体番号の調査情報で最も有効なのは成育経過を撮影した発育段階別の幼虫写真である。幼虫の種名が分からなくても、個体番号という仮の種名で写真撮影を行う。まず飼育タッパー蓋の個体番号を撮影してから、次いで幼虫写真を撮影すると、後でも膨大な写真情報が正確に整理できる。写真はマクロ撮影ができる接写カメラとミクロ撮影ができるMS（15㎜まで）または顕微鏡撮影装置などの両方が必要である（写真75C・D）。

マクロ撮影のカメラは1㎝程度の接写モードに切り替えられる接写カメラを用いる。手振れ補正があるので被

アーム型LEDライト2台

リング型LEDライト1台

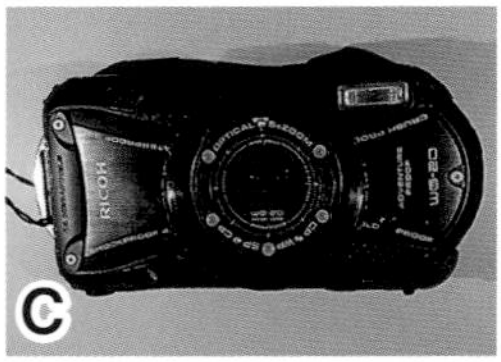

接写カメラ

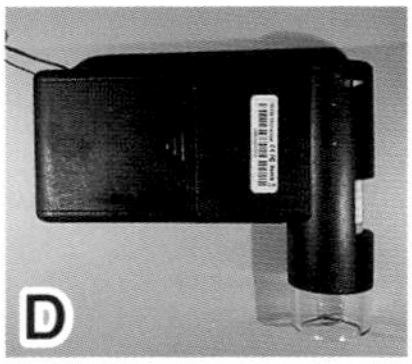

超接写マイクロスコープ（MS）

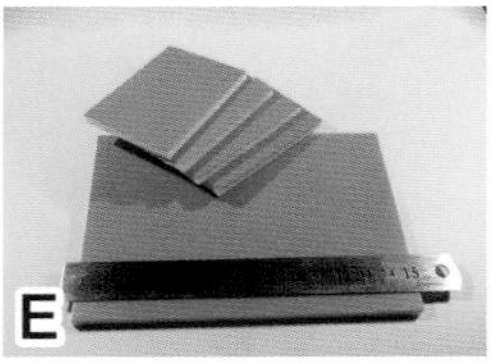

写真台（消しゴム），MSの高さ調整とレンズ保護筒の固定台（切断消しゴム4枚程度）・定規

写真75 写真撮影で事前準備する道具

写体から少し離してズームで撮影する（写真76Ｂ）。また生態写真・動画なども本カメラで撮影できる。照明には被写体にアーム型ＬＥＤライトを左右から照らして撮影する方法（写真76Ａ・Ｂ）とさらに加えてリング型ＬＥＤライトの穴から撮影する方法がある（写真76Ｃ・Ｄ・Ｅ）。

次に1～15㎜程度のミクロ撮影だが、顕微鏡撮影装置は高価であり撮影にも時間を要するが、近年、高性能のピストル型写真撮影装置（ＭＳ）（ピント合わせは手動）が安価（1万９０００円程度）で販売され、これを使うとピストルを撃つようにして瞬時に精密なミクロ写真が撮影できる。照明はレンズ周りにリングライトが設備されているが、加えて照明装置が必要で、マクロ撮影と同様で両サイドから低くアーム型ライトを照らすと高精度の写真が撮れる。手動のピント合わせなどにやや熟練はいるが1㎜程度の被写体でも鮮明に撮影できる（図76Ｊ・Ｋ・Ｌ）。写真がブレないようにＭＳを固定する必要があるが、筆者はＭＳの高さ調整とレンズ保護筒の固定台として切断消しゴム４枚程度を準備して状況に応じて重ねる枚数を決めて固定している。固定台で高さをある程度調整して、ＭＳのレンズ保護筒の下端を消しゴムにあてててぶれないように固定して手動でピントを合わせる（図76Ｆ・Ｇ・Ｈ・Ｉ）。

毎日１００枚以上撮影すると、整理が困難になるが、パソコンにはマクロ・ミクロ写真を別に、撮影した年・月などを単位にホルダーをつくって保存しておくと、同定で種が決定したら幼虫調査野帳と写真撮影野帳と照らし合わせながら目的の写真を探すことができる（最初に番号ラベルの撮影をしているので、目的の写真を簡単に探せる）。

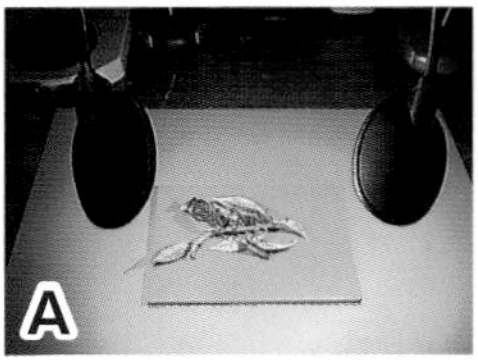

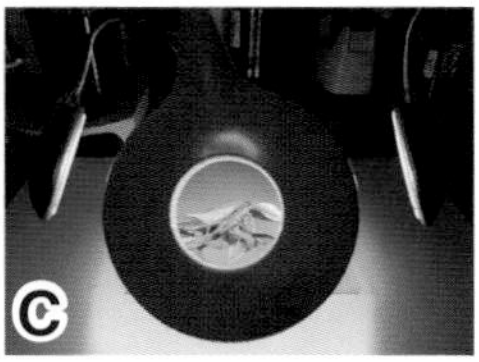

アーム型ＬＥＤライト左右２台で照らす

接写モードで撮影する

リング型 LED ライドを追加する

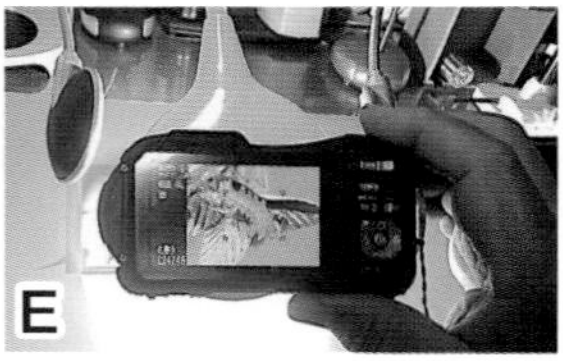

リング穴から接写する（D・E）

超接写マイクロスコープ（ＭＳ）レンズ先ののリングライト

切断消しゴムでＭＳの高さ調整とレンズ保護筒の固定を行う

ＭＳを手動でピントを合わせ撮影する（H・I）

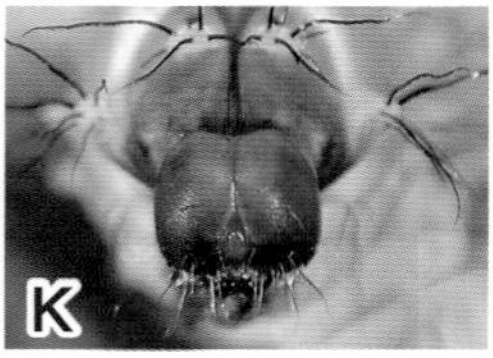

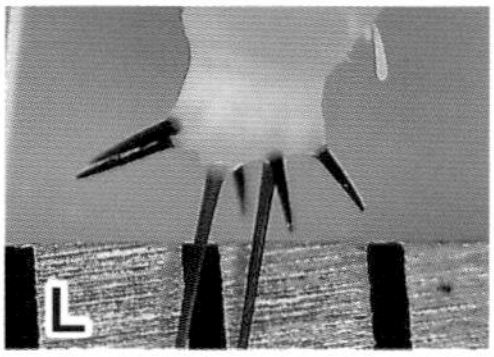

MS で撮影した写真（J・K・L）

写真76　写真撮影での照明と撮影方法

4 イモムシ、ケムシたちの永久プレパラート標本の作成手順

これまで説明してきたイモムシ、ケムシたちの観察・記録だけでは、学術的には不十分である。最終的に分類学の研究論文を執筆するためには、幼虫の種が判明している永久プレパラート標本を作製しておくと便利である。また、博物館でも小スペースで長期間保管でき、必要な研究者が研究標本として使用できる。幼虫は、刺毛の配置などで種が特定できるからである。

最後に、大学・研究所や博物館で行っている分類学研究の材料とするための幼虫の液浸標本とプレパラート標本を作製する手順を紹介しよう。

液浸標本の作り方

形や色が変わらないように下処理をして液浸標本にするには、まずは幼虫体内の水分を抜いて固定を行う必要がある。一方法としては、幼虫体色もある程度残したい場合はカルノア氏液（99・5％エタノール：クロロホルム：氷酢酸＝6：3：1）に1時間程度浸漬する方法が適している。しかし管理が必要な試薬を使用する必要があり、一般の愛好家には、煮沸後、火を止めてた湯中に生きた幼虫を浸漬する簡易な熱湯法が適している。本方法では体色は抜けるが、体の委縮も少なく、長期保存が可能であり、種を同定できる刺毛配列などは顕鏡できる。その後、固定した幼虫はねじ口ビンで70％エチルアルコールの液浸標本として保存する。

ねじ口ビンには、種名、採集地、食草、固定月日などのデータを紙に書いたラベルをビン内

に入れたり、メンディングテープなどに記入してビンに貼る。またビンの蓋にも名などを記入すると上から探すのに便利である。

永久プレパラート標本の作り方

イモムシ、ケムシたちの分類学研究を行うためには、刺毛配列（幼虫の刺毛の配置や生え方は科、種ごとに異なる）などを調査する必要があるため、最終的に永久プレパラート標本をつくる必要がある（写真20・21・22）。

イモムシ、ケムシたちのプラパラート標本作成の手順は下記のとおりである。

1. 幼虫のアルコール標本から目的の標本を選定する（④）。
2. 選定した幼虫をねじ口ビンから取り出し、作業を開始する（⑤）。
3. ホールグラスの中に80％アルコールを入れ、幼虫の胴部右側面の気門下あたりを解剖バサミで切る（⑤・⑥）。
4. 試験管に10％ＫＯＨを注入し、その中へ側面を切開した幼虫標本を入れ、ドラフトチャンバーの中で試験管を湯の中で加熱する（⑦）。
5. 数分後、幼虫体内の内容物がＫＯＨ溶液に溶け出したら加熱を止める（⑧）。
6. 幼虫標本を取り出し、今度は別の試験管の蒸留水の中に入れ、親指で蓋をして強く振とうする。このとき幼虫体内の内容物はほとんど洗浄され、外皮だけになる（⑨）。
7. ホールグラスの中に80％アルコール液を注入し、その中へ幼虫の外皮を入れる（⑩）。

8. 実体顕微鏡下で頭部を切り離す。幼虫外皮に付着している気管などの不純物をピンセットなどで取り除く⑪。

9. 切り離された頭部は70％アルコール液を注入したスクリュー瓶で標本番号を記入して保存する⑫。

10. 幼虫外皮を小型シャーレの中に移し、筆で平たく伸ばす⑬。

11. 伸ばした幼虫外皮をアセトカルミン（染色液）の中へ入れて5～10秒浸す⑭。

12. 染色できたら幼虫外皮をアセトカルミン（染色液）から取り出し、99％以上のアルコール液の中で染色液の余剰分を洗い流す⑮。

13. カバーグラスの上に幼虫外皮を広げて乗せて、その上に別のカバーグラスを乗せて幼虫外皮を2枚のカバーグラスでサンドイッチ状にして、指でしっかりと押さえ、外皮を伸ばして扁平にする⑯。

14. サンドイッチ状のカバーグラスをそのままキシレン液の中へ入れ、その上からピンセットで何回か押さえる⑰。

15. 数分後、上のカバーグラスを取り去る⑱。

16. 幼虫外皮は下のカバーグラスに付着していので、傷がつかないようにやや硬めの筆先で外皮をはがす⑲。

17. 次はカバーグラスからはがした幼虫外皮を筆先でしわにならないようにスライドグラス上に乗せ、スライドグラス中央までスライドさせて移動させる。このとき外皮の下に気泡が入らないように注意する（⑳）。

18. カバーグラス上の幼虫外皮の最終の形を微針の先で整える（㉑）。

19. 幼虫外皮の上へ接着剤のカナダバルサムを垂らす（㉒）。

20. 気泡が入らないように注意して幼虫外皮の上にカバーグラスを被せる（㉓）。

21. スライドグラスの両端のスペースにデータを書き込む（図22）。

22. 乾燥機の中（60～70℃）でプレパラート標本をカナダバルサムが乾くまで乾燥させる（図22）。

23. 完成した幼虫のプレパラート標本（図22）。

24. 幼虫の刺毛配列などをスケッチする（図23）。

25. 論文として執筆して学会誌に投稿・搭載する（図24）（Teramoto, 1993）。

以上、最後にびわ湖の森のイモムシ、ケムシたちの調査手法を紹介した。彼女たちの名前を知るためには、これらの一連の作業が必要である。日本にはガ類は６０００種以上が生息しているのですべて解明するには相当な時間と手間がかかる。途中経過として、ガ類の分類学者が集まり、「日本の鱗翅類 ―系統と多様性―（東海大学出版会）」として９９２種のイモムシ、ケムシたちの写真と解説を付記してまとめた（駒井ら ２０１１）。

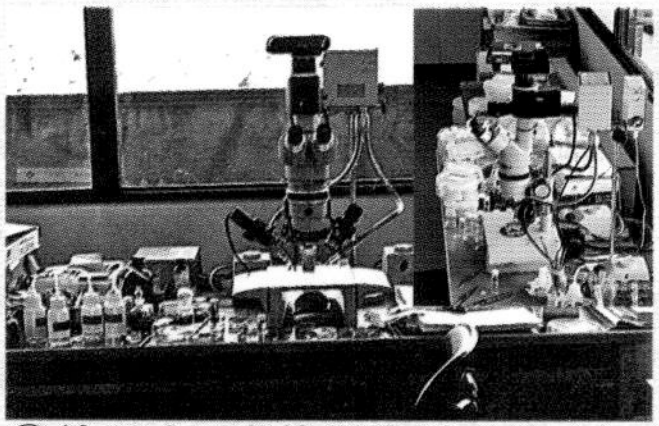
①使用する実体顕微鏡

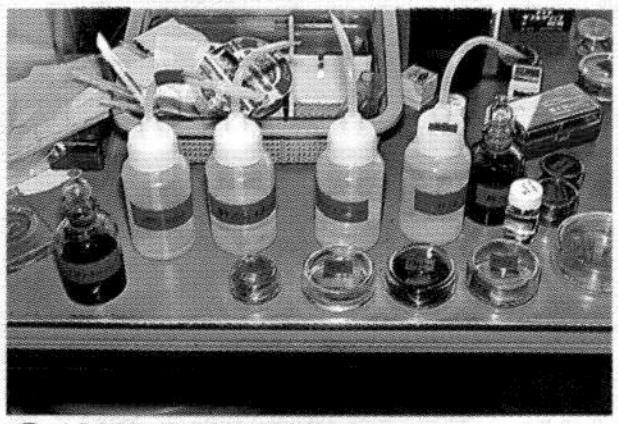
②使用する試薬

③幼虫70%アルコール液浸標本

④幼虫標本の選定

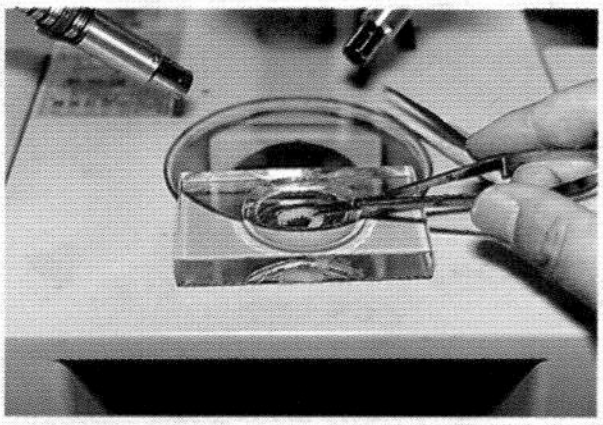
⑤胴部側面を切断

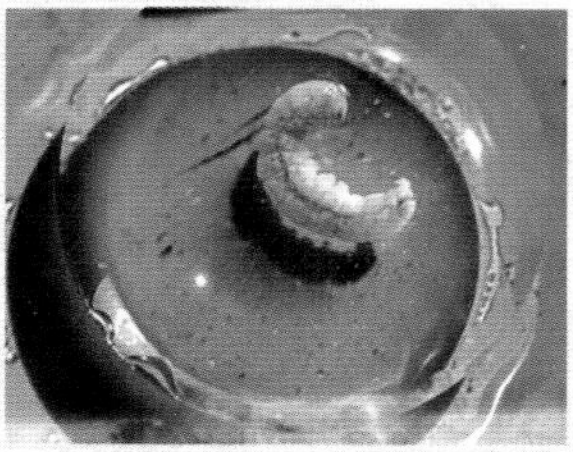
⑥切断された幼虫

⑦10%KOHで加熱

⑧試験管を取り出す

図20　イモムシ、ケムシたちのプレパラート標本の作成手順

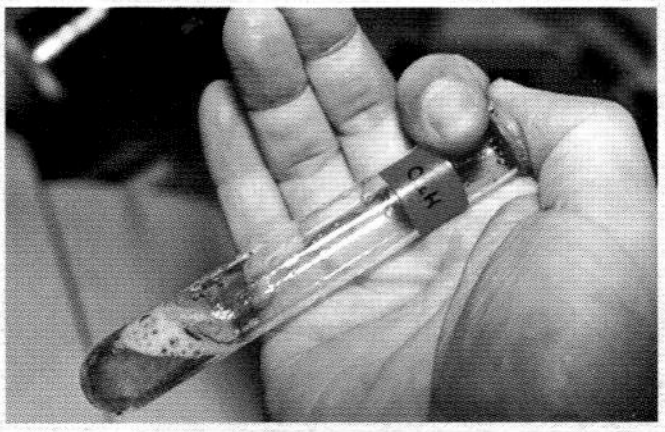

⑨外皮を取り出して蒸留水の中で振る

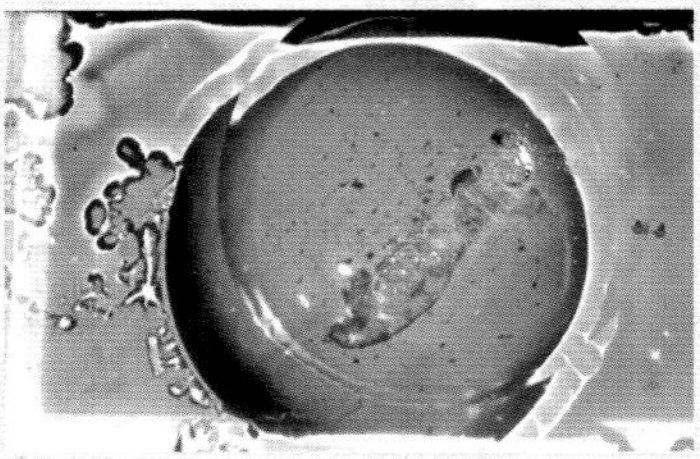

⑩外皮だけになった幼虫

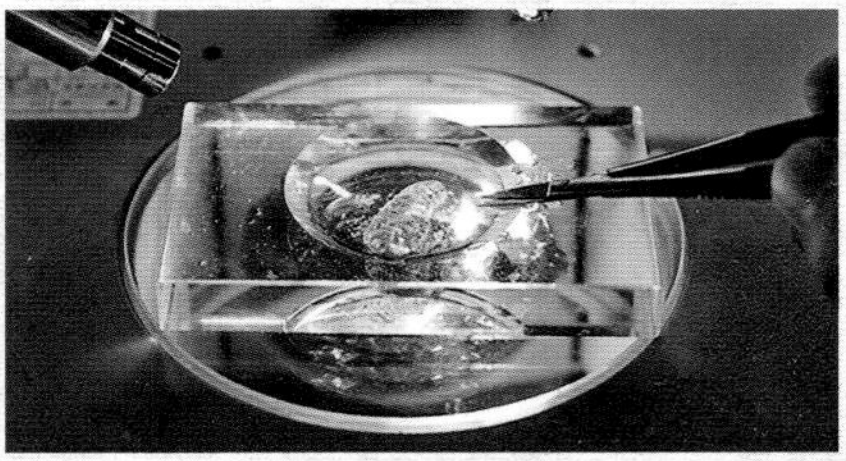

⑪頭部を切り離し、不純物を取る

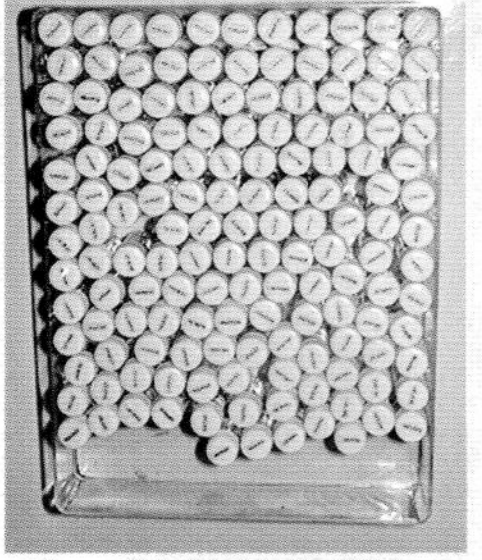

⑫頭部を別保存

⑬筆先で皮を平たく伸ばす

⑭染色液に漬ける

⑮99%アルコールで余剰染色液を洗い流す

⑯外皮をカバーグラスで挟む

図21 イモムシ、ケムシたちのプレパラート標本の作成手順

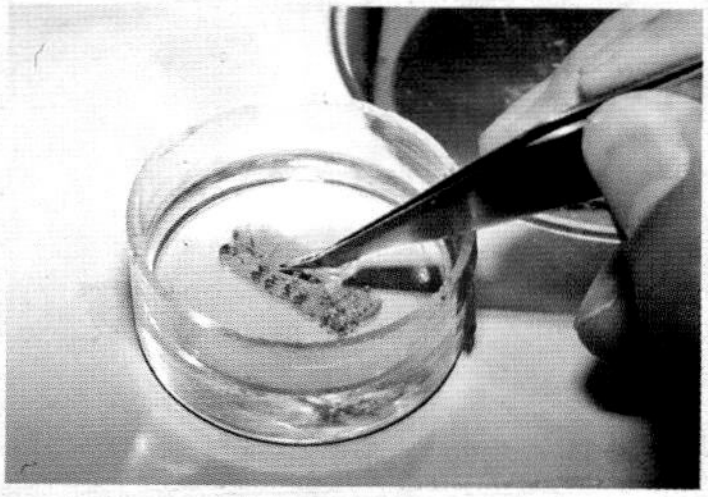
⑰キシレン液に入れる

⑱カバーグラス1枚を取る

⑲筆先で外皮を剥がす

⑳筆先で外皮をスライドグラスに乗せる

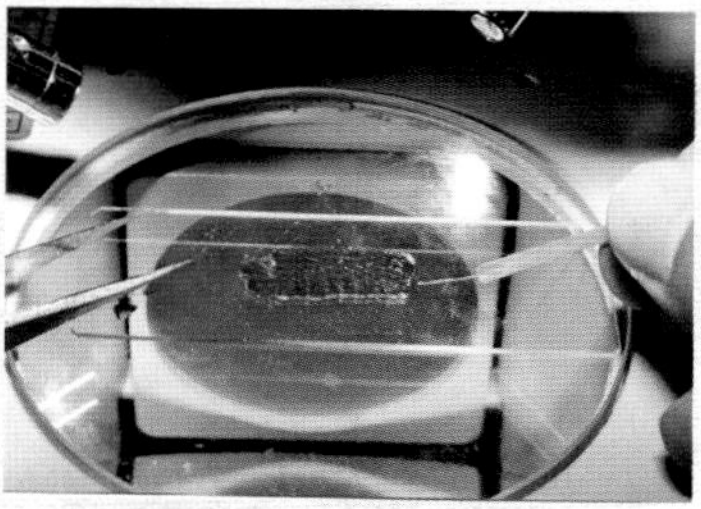
㉑外皮を微針の先で伸ばす

㉒カナダバルサムを垂らす

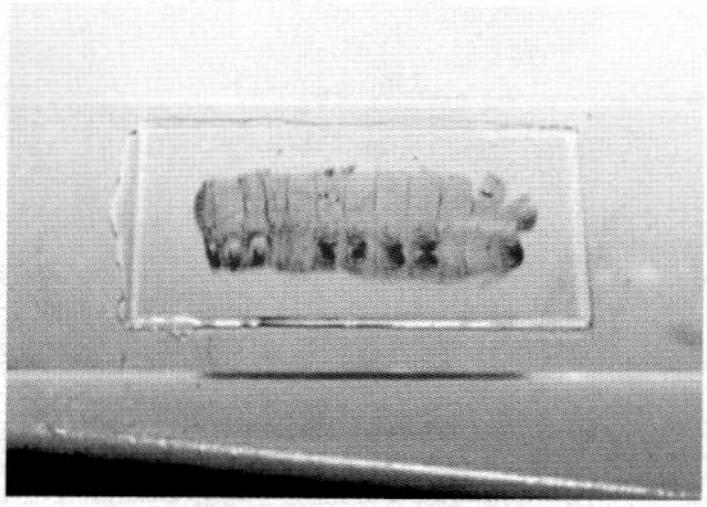
㉓外皮上にカバーグラスを乗せる

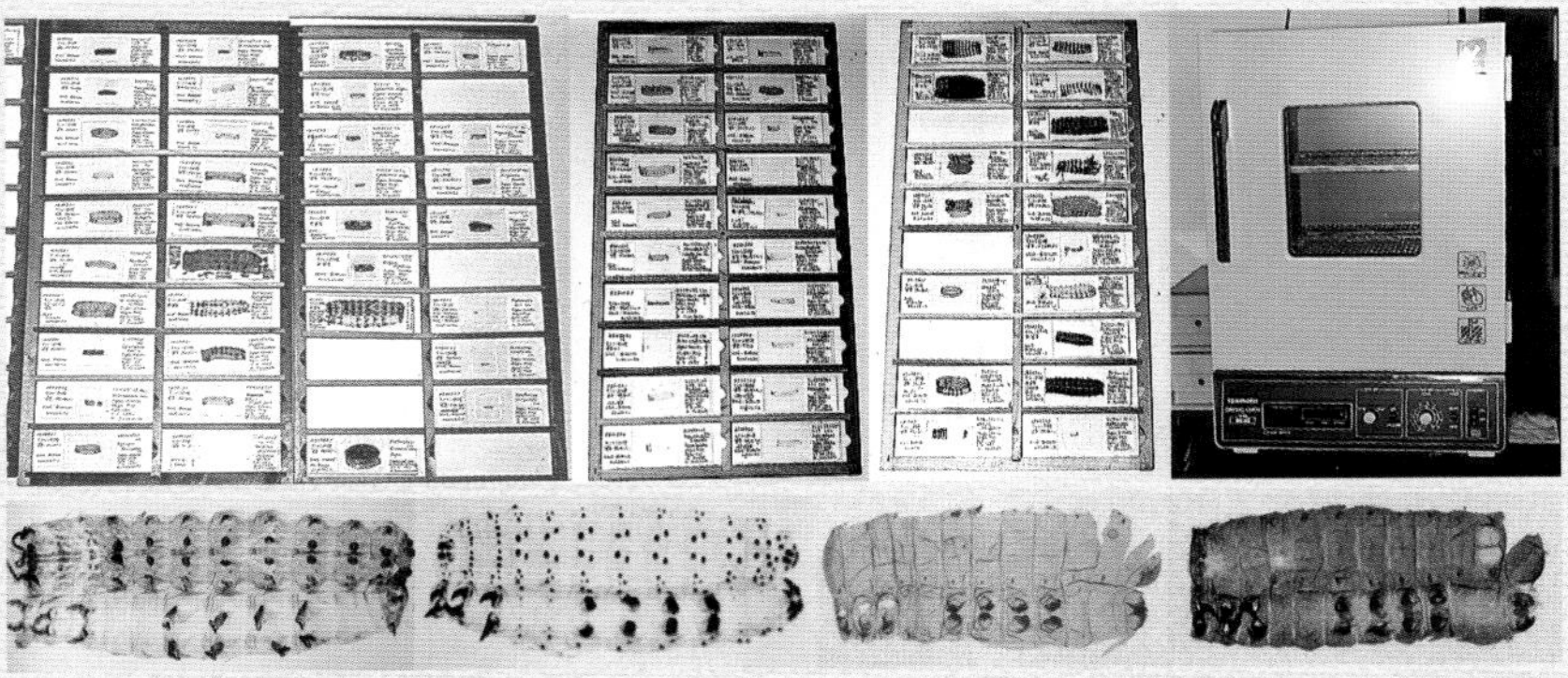

カシワマイマイ終齢幼虫　シロヘリキリガ終齢幼虫　コフサヤガ終齢幼虫　ヤマトホソヤガ終齢幼虫

図22　プレパラート標本と乾燥機

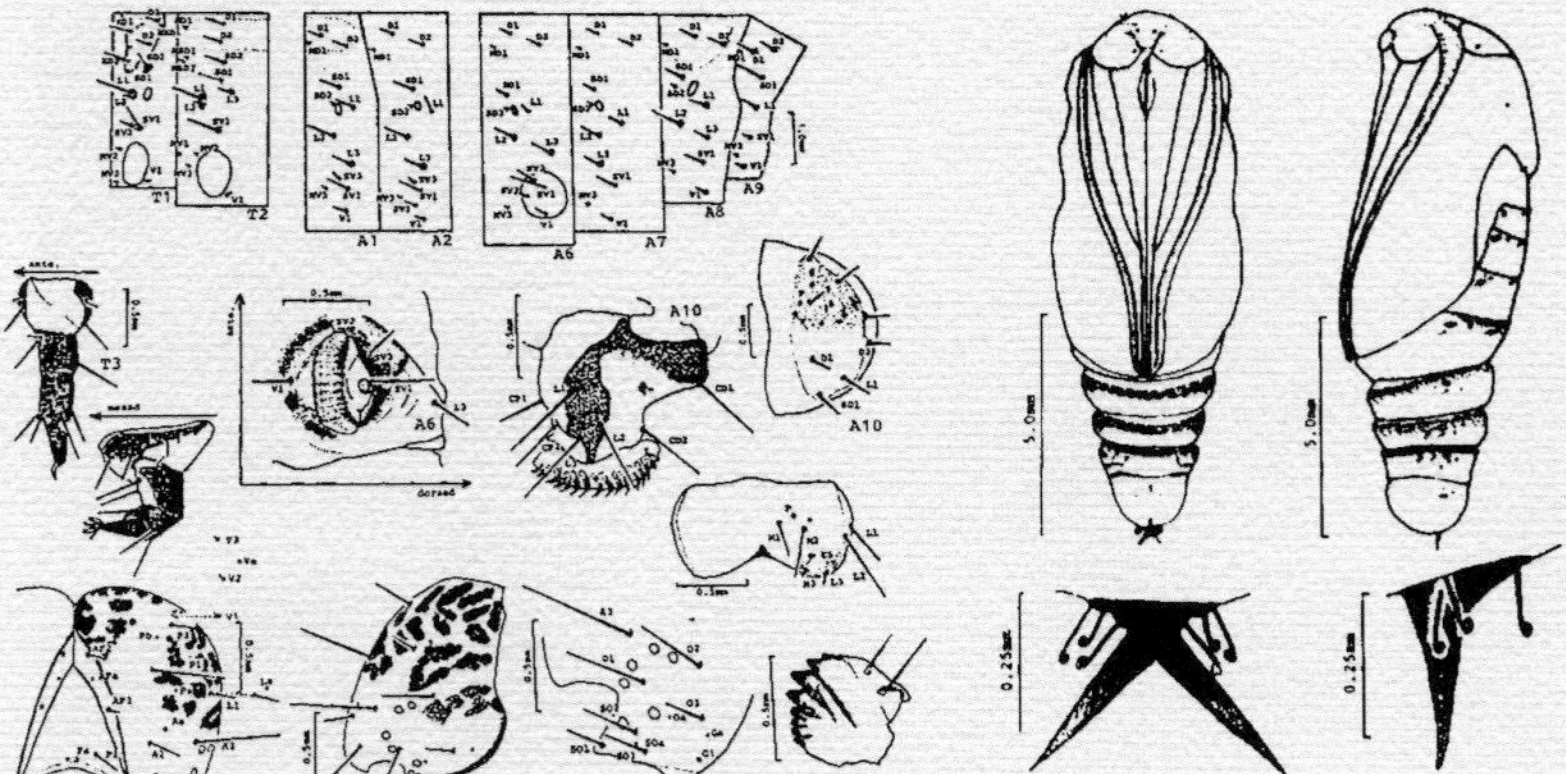

図23　幼虫と蛹の作図（ヤマトホソヤガ）

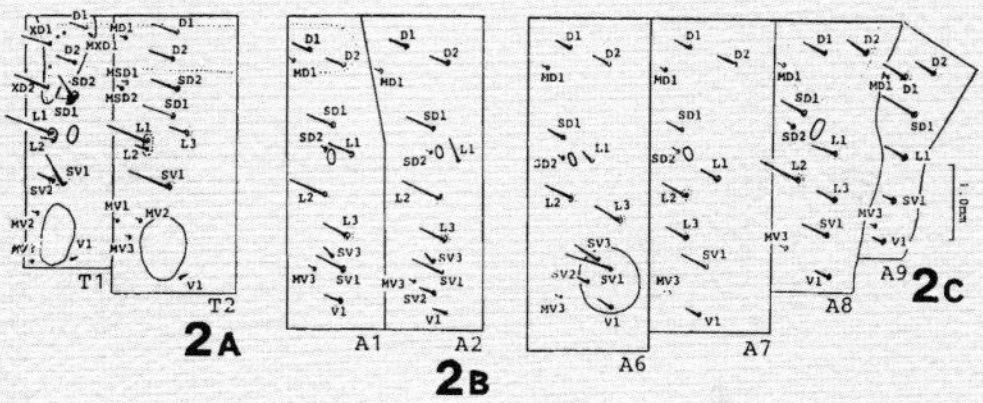

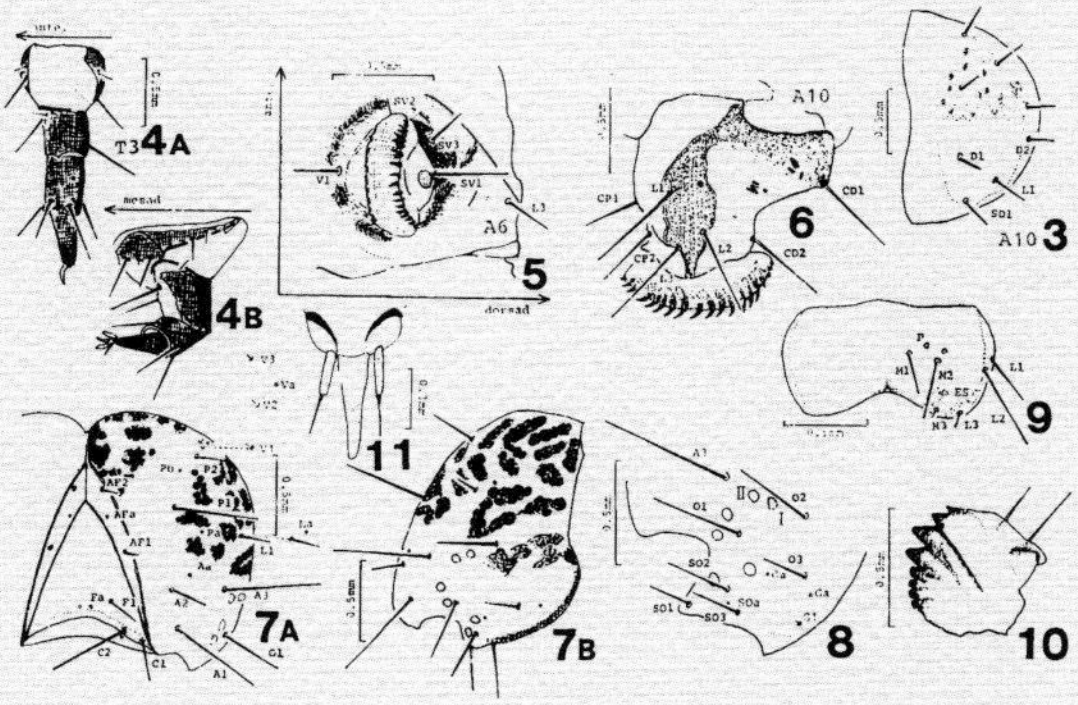

Figs. 2–11. Last instar larva of *Lophoptera hayesi* SUGI. — 2, Setal map (A, pro- and mesothoraces; B, 1st and 2nd abdominal segments; C, 6th to 9th abdominal segments); 3, 10th abdominal segment (dorsal view); 4, thoracic prolegs (A, lateral view; B, anterior view); 5, 6th ventral proleg (ventral view); 6, anal proleg (lateral view); 7, head (A, cephalic view; B, lateral view); 8, ocellar area; 9, labrum; 10, mandible; 11, spinneret.

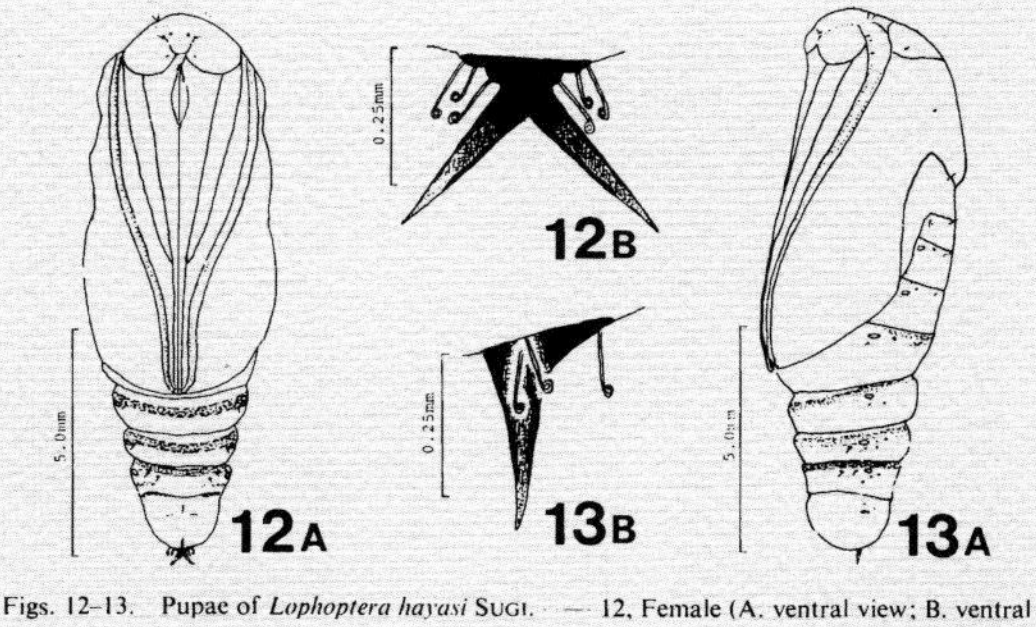

Figs. 12–13. Pupae of *Lophoptera hayasi* SUGI. — 12, Female (A, ventral view; B, ventral surface of cremaster); 13, ditto (A, lateral view, B, lateral surface of cremaster).

図24 学会誌への搭載(ヤマトホソヤガ)

エピローグ

ぼくが大学生のころの最初の研究テーマは「ヒトリガ科の幼虫分類」である。ヒトリガ科に属する幼虫は長毛をもつケムシらしいケムシだが、1齢幼虫はイモムシで刺毛の数は一般的で（第1次刺毛のみ）、刺毛の数や生える位置が種や属で異なることが分かった。これが幼虫の刺毛配列による分類だ。

また、100年間も発見されていなかった本科に属するケムシを発見した。そのガの名前はセスジヒトリという。ビル街など都会に適合したケムシで、なんとゴミ捨て場の生ごみも食っていた。そして、そのケムシの幼虫形態と生態を最初の論文としてまとめたのである。分かってしまうとどこにでもいるケムシだったが、幼虫の外観は異なるが、成虫がスジモンヒトリという種に酷似していたために混同され、また本種は都会近隣のガ類であったため、そこが逆に盲点となってそれまで100年間も発見されなかったのだ。

ぼくはその昆虫の発見以来、未知のイモムシ、ケムシたちを探る楽しみを覚えた。その後、ブナ科植物の葉を食べる天蚕（ヤママユ）の大量飼育の仕事に携わることになる。その時期、文献や図鑑も揃えて幼虫の同定には少し自信があったが、クヌギなどの飼料樹を加害する幼虫を調べようとすると、同定できない種が多いことに困惑した。

彼女たちの正体を探るため、それから40年間ほど第6章の調査方法を繰り返して、彼女たちの名前や生態を明らかにしてきた。ふと、気が付くと60歳半ばになってしまっていた。そこで、読者や若い研究者の皆さんにイモムシ、ケムシたちに少しでも興味がもっていただくよう、ブックレットとして簡単に1冊の本としてまとめさせていただいた。

日頃、害虫として扱われているイモムシ、ケムシたちも野外や顕微鏡で観察すると違った世界が見えてくる。読者の皆さんもびわ湖の森に飛び出し、イモムシ、ケムシたちと色々な会話をして、彼女たちの奥深い生態と形態と植物との共進化の世界をのぞいていただきたい。

最後になるが、ぼくに昆虫学の基礎と応用をご教授いただいた大阪府立大学の故黒子浩元教授、故森内茂元教授、保田淑郎名誉教授、そして滋賀県立大学の故日高敏隆名誉（初代）学長（京都大学名誉教授）に感謝申し上げる。

■参考文献

Furukawa, M., K. Nakanishi and T. Nishida（2017）Relationships between environmental factors and cocoon color morphs of a slug moth, *Monema flavescens* in the field. Jpn. J. Environ. Entomol. Zool. 27 (4): 133-139.

橋本里志（１９９８）もっとも原始的なガ —コバネガ．保田淑朗ら．小蛾類の生物学．１４６：１５２．文教出版．大阪．

Hashimoto, S.（2006）A taxonomic study of the family Micropterigidae (Lepidoptera, Micropterigoidea) of Japan, with the phylogenetic relationships among the Northern Hemisphere genera. Bull. Kitakyushu Mus. Nat. Hist. Ser. A, 4: 39-109.

東浦康友（１９８９）マイマイガの産卵場所選び 積雪の有無と食害．インセクタリウム，26（7）：２０４–２１１．

井上寛・杉繁郎・黒子浩・森内茂・川辺湛（１９８２）日本産蛾類大図鑑，１：９６８ｐｐ．；２：５５６ｐｐ．３９２ｐｌｓ．講談社．東京．

石井象二郎（１９８４）イラガの繭Ⅱ．応動昆，28（3）：１６７–１７３．

石井象二郎・井口民夫・金沢純・富永長次郎（１９８４）イラガの繭Ⅲ．応動昆，28（4）：２６９–２７３．

石井実（１９９７）セミに寄生するガ類．日本動物大百科，昆虫Ⅱ：76．平凡社．大阪．

岸田泰則ら（２０１１）日本産蛾類標準図鑑Ⅰ，３５２ｐｐ．学研．東京．

岸田泰則ら（２０１１）日本産蛾類標準図鑑Ⅱ，４１６ｐｐ．学研．東京．

岸田康則・坂巻祥孝・広渡俊哉ら（２０１３）日本産蛾類標準図鑑Ⅲ，３５９ｐｐ．学研．東京．

岸田康則・広渡俊哉・那須義次ら（２０１３）日本産蛾類標準図鑑Ⅳ，５５２ｐｐ．学研．東京．

駒井古実（１９９８）鱗翅類の分類体系と小蛾類の位置づけ．保田淑朗ら．小蛾類の生物学．１３７–１４５．文教出版．大阪．

駒井古実・吉安裕・那須義次・斎藤寿久・宮田彬・寺本憲之ら（２０１１）日本の鱗翅類―系統と多様性―，１３０５pp．東海大学出版会．神奈川．

Koshio, C., Muraji, M., Tatsuta, H. and Kudo, S.（2007）Sexual selection in a moth: effect of symmetry on male mating success in the wild. Behavioral Ecology 18: 571-578.

Kristensen, N. P.(1998)鱗翅目＋トビケラ目系列の初期の進化．小蛾類の生物学，１８２−２００．文教出版．大阪．

六浦晃・山本義丸・服部伊楚子（１９６５）原色日本蛾類幼虫図鑑（上），２３８pp．保育社．大阪．

六浦晃・山本義丸・服部伊楚子・黒子浩・保田淑郎・児玉行・森内茂（１９６９）原色日本蛾類幼虫図鑑（下），２３７pp．保育社．大阪．

三枝・杉本（２０１３）ミノガ科．日本産蛾類標準図鑑Ⅲ，１３６−１５５．学研．東京．

神保宇嗣ら（２０１９）．みんなで作る日本産蛾類図鑑V２，20．

http://www.jpmoth.org/

杉繁郎・山本光人・中臣謙太郎・佐藤力夫・中島秀雄・大和田守（１９８７）日本産蛾類生態図鑑，４５３pp．講談社．東京．

寺本憲之（１９８６）天蚕食樹，ブナ科 *Quercus* 属 spp.の加害昆虫調査と防除法．滋賀蚕指研報，37：37−53．

Teramoto, N.（1990）Lepidopterous insect pest fauna of deciduous oaks, *Quercus* spp. (Fagaceae), food plants of the larva of Japanese wild silk moth, *Antheraea yamamai* (I). Tyô Ga, 41: 79-96.

Teramoto, N.(1993) Immature stages of a Sticopterine moth, *Lophoptera hayesi* (Lepidoptera, Noctuidae). Jpn. J. Ent., 61(2): 197-202.

寺本憲之（１９９３）日本産鱗翅目害虫食樹目録（ブナ科）．滋賀研報別号１，１８５pp．

Teramoto, N.（1994）Serious insect pests attacking deciduous oaks (Fagaceae) as the food plants of the wild saturniid moth, *Antheraea yamamai*, in Japan. Int. J. Wild Silkmoth & Silk., 1: 73-79.

寺本憲之（1994）天蚕飼料樹，ブナ科落葉性コナラ属類の主要害虫の生態および幼虫形態．滋賀県農業試験場研究報告，35：63–88．

寺本憲之（1996）天蚕（ヤママユ）飼料樹、ブナ科植物を寄主とする鱗翅目昆虫相に関する研究．滋賀農試特研報，19：216pp．

寺本憲之（1998）ブナ科植物と小蛾類，保田淑朗ら．小蛾類の生物学．116–122．文教出版．大阪．

寺本憲之（2008a）ドングリの木はなぜイモムシ、ケムシだらけなのか？ 218pp．サンライズ出版．滋賀．

寺本憲之（2011）昆虫（蛾）類．滋賀県で大切にすべき野生生物 滋賀県レッドデータブック2010年版．381–465．サンライズ出版．滋賀．

寺本憲之（2016）昆虫（蛾）類．滋賀県で大切にすべき野生生物 滋賀県レッドデータブック2015年版．410–521．サンライズ出版．滋賀．

寺本憲之（2020）ニホンジカ食害によるびわ湖の森の昆虫への影響と新たな発見―ダンスを踊り、宇宙ステーションをつくるオドリハマキモドキ（ガ類）の生態―．びわ湖の森の生き物研究会活動記録2008～2020，12–14．

寺本憲之・棚橋一郎（2020）宇宙ステーションをつくるオドリハマキモドキ（ハマキモドキガ科）の生態と繭構造．野蚕―新素材シルクの研究開発―，84（2020．3）8–9．

吉松慎一（1988）オオタバコガの発生と見分け方．植物防疫病害虫情報，55：4–5．

謝辞

本著の執筆の機会を与えていただいた滋賀県立琵琶湖博物館の篠原 徹元館長、高橋啓一副館長、八尋克郎総括学芸員に感謝申し上げる。

また、本書を執筆するにあたり以下の方々に成虫の同定、写真借提供、ご助言、調査などでご協力いただいた。この場を借りてお礼申し上げる。

吉安裕氏（メイガ・ツトガ科成虫同定）、那須義次氏（ハマキガ科成虫同定）、橋本里志氏（コバネガ科成虫同定・写真提供）、上田達也氏（キバガ科成虫同定）、駒井古実氏（永久プレパラート標本作製手順ご教授）、南尊演氏（ウスバツバメガ写真提供）、山本雅則氏（マイマイガ写真提供）、古川真莉子氏（イラガの生態のご助言）、滋賀県立琵琶湖博物館（ご助言）、河辺いきものの森（調査許可）、滋賀県農業技術振興センター（旧蚕業指導所・旧滋賀県農業試験場湖北分場）（杉本英隆氏はじめ旧職員からのご助言ならびに調査）。

【著者略歴】

寺本憲之（てらもと　のりゆき）

滋賀県立琵琶湖博物館研究部特別研究員・滋賀県立大学環境科学部客員研究員（元奈良大学文学部非常講師・元滋賀県農業技術センター農業革新支援部長・栽培研究部長）（博士（農学））
1955 年生まれ。専門は昆虫学・蚕糸学・野生動物管理学。 現在、主に「鱗翅（チョウ）目昆虫とブナ科植物との共進化」と「野生動物問題の解決手法」について研究・指導をしている。

【主要著書】

『ドングリの木はなぜイモムシ、ケムシだらけなのか?』（サンライズ出版）2008
『鳥獣害問題解決マニュアル ―森・里の保全と地域づくり―』（古今書院）2018
『小蛾類の生物学』（文教出版）1998
『滋賀の獣たち 人との共存を考える』（サンライズ出版）共著、2003
『日本の鱗翅類』（東海大学出版会）2011
『野生動物管理 ―理論と技術―』（文永堂出版）2012　など多数

琵琶湖博物館ブックレット⑮

びわ湖の森の
イモムシ、ケムシたち

2021年11月20日　第1版第1刷発行

著　者　寺本憲之
企　画　滋賀県立琵琶湖博物館
〒525-0001 滋賀県草津市下物町1091
TEL 077-568-4811　FAX 077-568-4850
デザイン　オプティムグラフィックス
発　行　サンライズ出版
〒522-0004 滋賀県彦根市鳥居本町655-1
TEL 0749-22-0627　FAX 0749-23-7720
印　刷　シナノパブリッシングプレス

ISBN978-4-88325-745-4 C0345

琵琶湖博物館ブックレットの発刊にあたって

琵琶湖のほとりに「湖と人間」をテーマに研究する博物館が設立されてから2016年はちょうど20年という節目になります。琵琶湖博物館は、琵琶湖とその集水域である淀川流域の自然、歴史、暮らしについて理解を深め、地域の人びとともに湖と人間のあるべき共存関係の姿を追求してきました。そして琵琶湖博物館は設立の当初から住民参加を実践活動の理念としてさまざまな活動を行ってきました。この実践活動のなかに新たに「琵琶湖博物館ブックレット」発行を加えたいと思います。

20世紀後半から博物館の社会的地位と役割はそれ以前と大きく転換しました。それは新たな「知の拠点」としての博物館への転換であり、博物館は知の情報発信の重要な公共的な場であることが社会的に要請されるようになったからです。「知の拠点」としての博物館は、常に新たな研究が蓄積され、新たな発見があるわけですから、そうしたものを「琵琶湖博物館ブックレット」シリーズというかたちで社会に還元したいと考えます。琵琶湖博物館員はもとよりさまざまな形で琵琶湖博物館に関わっていただいた人びとに執筆をお願いして、市民が関心をもつであろうさまざまな分野やテーマを取りあげていきます。高度な内容のものを平明に、そしてより楽しく読めるブックレットを目指していきたいと思います。このシリーズが県民の愛読書のひとつになることを願います。

ブックレットの発行を契機として県民と琵琶湖博物館のよりよいさらに発展した交流が生まれることを期待したいと思います。

二〇一六年　七月

滋賀県立琵琶湖博物館・館長　篠原　徹